太阳能光伏发电系统及其应用技术研究

陈尹萍　著

中国水利水电出版社
www.waterpub.com.cn
·北京·

内容提要

太阳能作为可再生能源的主要方式，其大规模的开发利用是目前人类调整能源结构，缓解能源危机，改善生态环境的有效途径。

本书对太阳能光伏发电系统及其应用技术进行了研究，主要内容涵盖了光伏发电系统的类型，太阳能电池、太阳能光伏发电储能电池及器件，太阳能光伏控制器和逆变器等。

本书结构合理，条理清晰，内容丰富新颖，可供从事太阳能光伏发电系统设计、开发与应用的工程技术人员参考使用。

图书在版编目(CIP)数据

太阳能光伏发电系统及其应用技术研究 / 陈尹萍著.
—北京：中国水利水电出版社，2019.3 （2025.4 重印）
ISBN 978-7-5170-7638-4

Ⅰ. ①太… Ⅱ. ①陈… Ⅲ. ①太阳能发电—研究
Ⅳ. ①TM615

中国版本图书馆 CIP 数据核字(2019)第 079695 号

书　　名	太阳能光伏发电系统及其应用技术研究 TAIYANGNENG GUANGFU FADIAN XITONG JI QI YINGYONG JISHU YANJIU
作　　者	陈尹萍　著
出版发行	中国水利水电出版社 (北京市海淀区玉渊潭南路 1 号 D 座 100038) 网址：www.waterpub.com.cn E-mail：sales@waterpub.com.cn 电话：(010)68367658(营销中心)
经　　售	北京科水图书销售中心(零售) 电话：(010)88383994、63202643、68545874 全国各地新华书店和相关出版物销售网点
排　　版	北京亚吉飞数码科技有限公司
印　　刷	三河市华晨印务有限公司
规　　格	170mm×240mm　16 开本　12 印张　215 千字
版　　次	2019 年 6 月第 1 版　2025 年 4 月第 4 次印刷
印　　数	0001—2000 册
定　　价	58.00 元

凡购买我社图书，如有缺页、倒页、脱页的，本社营销中心负责调换

前　言

能源是社会和经济发展的重要保障。随着世界人口的持续增长和经济的不断发展，有限的化石能源的消耗量逐年增大，世界能源危机日益加剧；与此同时，化石燃料的燃烧总是不可避免地伴随着环境污染，使自然生态环境日趋恶化。能源短缺和环境污染成为当今世界面临的两大问题，制约着人类社会的发展。现在，人们已经清醒地认识到，如果无节制地使用常规化石燃料，化石燃料资源不但迟早会枯竭耗尽，而且化石燃料的燃烧对环境的严重污染所导致的生态破坏、地球温室效应等将严重地威胁着人类的生存。为了保障社会的不断进步和经济的持续发展，寻求和开发利用新能源成为当今世界关注的焦点。取之不尽、用之不竭的太阳能是一种非常理想的清洁能源。

太阳能光伏发电是利用半导体材料的光生伏特效应将光能直接转换为电能的一种发电技术，发电过程简单，没有机械转动部件，不消耗燃料，不排放包括温室气体在内的任何物质，无噪声、无污染。并且，与风力发电、生物质能发电和核电等新型发电技术相比，光伏发电是一种最具可持续发展理想特征（最丰富的资源和最洁净的发电过程）的可再生能源发电技术。充分开发和利用太阳能资源，发展光伏产业，对于节约常规能源、保护自然生态环境、促进经济稳定持续发展有着极为重要的现实意义和深远的历史意义。相信在不久的将来，太阳能光伏发电将成为世界能源供应的主体，人类将进入辉煌的太阳能时代。

我国的太阳能资源丰富，为太阳能的利用创造了有利条件。根据太阳能的特点和实际应用的需要，我国政府一直把研究开发太阳能技术列入国家科技攻关计划，大大推进了我国太阳能产业的发展。此外，我国政府相继出台了一系列鼓励和支持太阳能光伏产业发展的政策法规，大大促进了我国太阳能光伏产业的发展。我国太阳能光伏技术在研究开发、商业化生产、市场开拓等方面都取得了丰硕的成果，光伏市场稳步扩大，太阳能电池产量逐年上升。太阳能光伏发电相关应用技术的研究越来越引起人们的高度重视，各种创新成果层出不穷。当然问题是存在的，我国光伏产业存在着偏重依赖于出口、国内光伏应用市场相对较小、应用技术水平与国外先进水平还有一定差距等问题。

在这样的形势下作者特写作本书，希望能为促进我国太阳能光伏发电产业的发展尽绵薄之力。全书共9章，紧扣“光伏发电系统工程”，全面系统地介绍了太阳能光伏发电系统的基础知识与应用技术。主要内容包括太阳能光伏发电系统概论、光伏发电系统的类型、太阳能电池及其组件与阵列、太阳能光伏发电储能电池及器件、太阳能光伏控制器和逆变器、光伏发电系统的控制、太阳能光伏发电系统设计及应用案例分析、太阳能光伏发电系统的应用和太阳能光伏发电新技术的应用等。

在本书的撰写过程中，得到了许多专家学者的指导和帮助，参考了大量的学术文献。在此，特向提供帮助的专家学者以及所参考文献的相关作者表示真诚的感谢。

太阳能光伏发电技术正处于高速发展阶段，相关理论日新月异，各种技术创新层出不穷，加之作者水平有限，书中难免有遗漏和不妥之处，希望同行业专家学者与广大读者朋友批评指正。

作　者

2019 年 1 月

目　　录

第1章 太阳能光伏发电系统概论

太阳能光伏发电是近些年来的热点。太阳能光伏发电的主要优点:投入产出比可达10～20倍,降低经济成本;光电资源蕴含量高达96.64%;碳排放量接近零且不污染环境;转换环节最少最直接;运行可靠性、稳定性好。因此,该技术具有很好的发展前景。

1.1 太阳及太阳能

1.1.1 太阳

太阳(图1.1)是距离地球最近的一颗恒星,日地距离为$1.495\ 978\ 92\times 10^8$ km。太阳是一个炙热的大气球体,它的直径为1.392×10^6 km,是地球直径的109倍,太阳的体积约为$1.412\ 2\times 10^7$ km^3,是地球的130万倍,太阳的平均密度为1.49 g/cm^3,比水的密度大50%,太阳内部的密度约为160 g/cm^3,日心引力比地心引力大29倍左右。太阳的总质量为1.989×10^{30} kg,相当于地球总质量的33.34万倍。太阳的主要物质组成是氢和氦,其中氢占78.4%,氦占19.8%,金属和其他元素总计占1.8%,太阳表面温度为5700℃,中心温度高达2×10^7℃,压强约为2000多亿个大气压。

太阳是太阳系的中心天体,它集中了太阳系质量的99.86%。

太阳由里向外可分为6个区域,如图1.2所示。

(1) 核心区。太阳99%的能量是由核心的热核反应产生的。

(2) 辐射区。核心区外面的一层是辐射区,范围为$0.25R\sim 0.8R$(R即太阳半径),温度下降到13万(K),压强为数十万个大气压,从核反应区辐射出的能量是以高能伽马射线的形式发出的,辐射层通过对这些高能粒子的吸收和再发射实现能量传递,经过无数次的这种再吸收、再辐射的漫长过程(一个光子脱离太阳需要约1000年),高能伽马射线经过X射线、紫外线逐渐转化为可见光和其他形式的辐射。

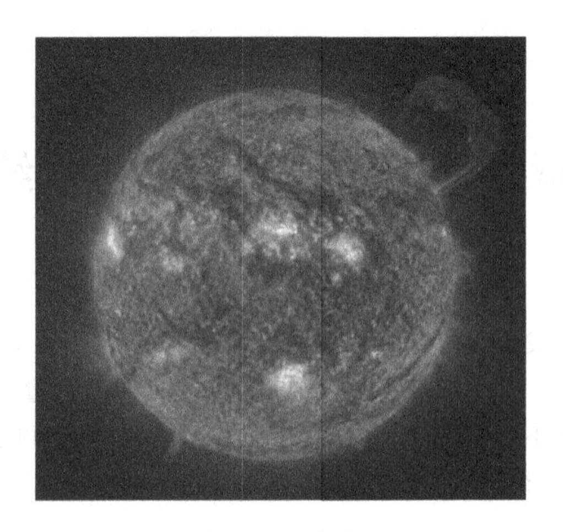

图 1.1　太阳

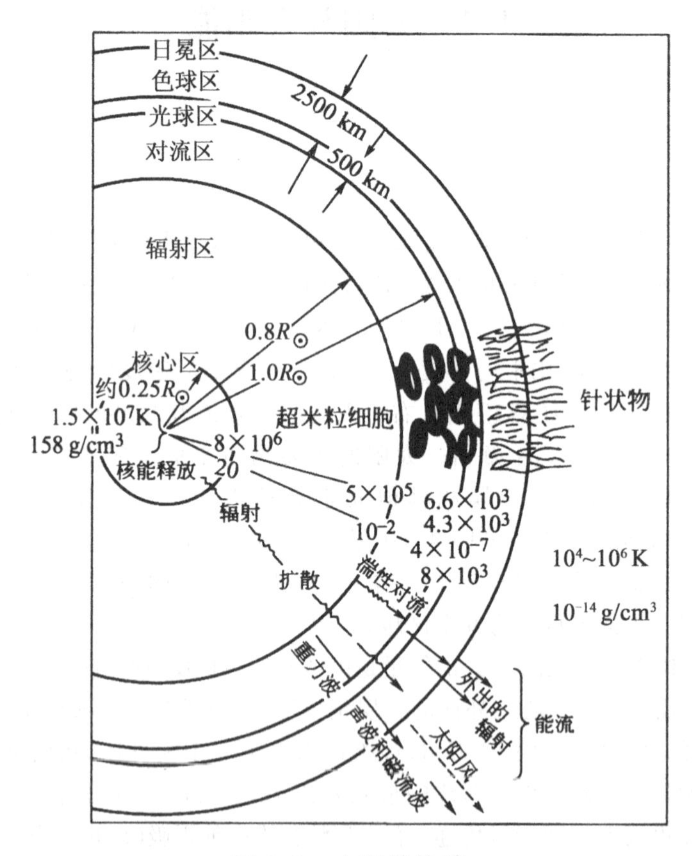

图 1.2　太阳的构造

(3) 对流区。对流区所属范围为 $0.8R \sim 1.0R$，温度下降为 5000 K，密度为 10^{-8} g/cm^3。在对流区内，能量主要靠对流的方式进行传播，对流区的温度、压力和密度的变化梯度很大，物质始终处于剧烈的上下对流状态。

(4) 光球区。人们平常看到的、能发出明亮耀眼光芒的太阳圆斑就是光球区。光球区厚度约 500 km，表面的温度可以达到 5700℃。由于大气透明度有限，因此在观测中有临边昏暗的现象。光球区上常有黑斑出现，它实际是具有强磁场的旋涡，由于温度低，看起来是黑的，所以叫作太阳黑子。日面上黑子出现的情况不断变化，这种变化反映了太阳辐射能量的变化。光球层的大气中存在着激烈的活动。

(5) 色球区。色球区在光球区以外，其厚度约为 2000 km，几乎是透明的，平常看不到，只有在日全食时或用色球望远镜才能观测到它。色球区又称为日饵，大的日饵往往高于光球区几十万千米，还有无数被称为针状体的高温等离子小日饵，日饵在日面上的投影称为暗条，在色球与日冕之间有时会突然发生剧烈的爆发现象，称为耀斑，耀斑爆发时从射电波段到 X 射线的辐射通量会突然增强，同时伴随大量高能粒子和等离子体喷发，对地球空间产生很大影响。

(6) 日冕区。日冕是太阳大气的最外层。日冕的范围在色球区之上，它的形状很不规则，并且经常变化，同色球区没有明显的界限。它的厚度很大，可以延伸到 $(5\sim6)\times10^6$ km 的范围内。日冕区亮度很小，仅为光球区的百万分之一，但温度却很高，达到 100 多万(K)。根据高度的不同，日冕区可分为两部分。高度在 17 万 km 以下，呈淡黄色，温度在 100 万(K)以上称为内冕；高度在 17 万 km 以上，呈青白色的称为外冕，温度比日冕要低。

严格说来，各区之间并没有明显界限，它们的温度、密度随着高度是连续改变的。

1.1.2　太阳能

1.1.2.1　太阳辐射能

太阳内部不断进行着热核反应，氢聚变为氦，通过热核反应，质量转换为能量，4 个氢原子核经过核反应聚变成一个氦原子，1 g 质量的氢原子在热核反应中产生的能量为 6.3×10^{11} J，这是由爱因斯坦质能公式

$$\Delta E = \Delta m c^2 \tag{1.1}$$

计算所得，其中，Δm 为亏损质量，c 为真空中的光速。太阳每秒将 6 亿多吨氢变为氦并产生大量的能量，这些能量辐射出来，总功率相当于 3.8×10^8 MW，

该反应还可以维持5亿年。

地球只接受到太阳总辐射的二十二亿分之一。到达地球表面的太阳辐射能大体分为三部分，如图1.3所示。

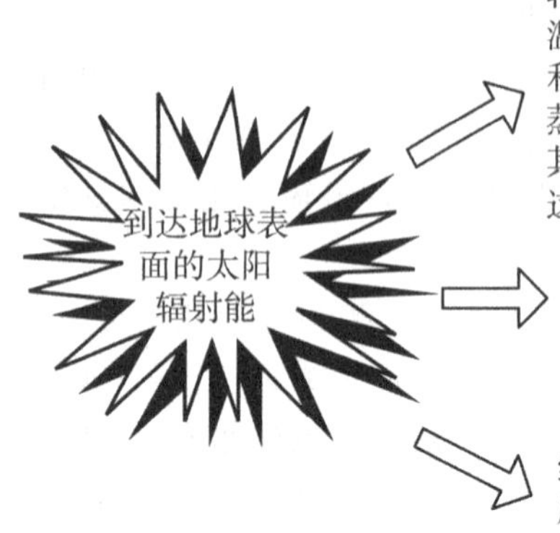

转化为热能（约4.0×10^{13} kW），使地球的平均温度大约保持在14℃，造成适合各种生物生存和发展的自然环境，同时使地球表面的水不断蒸发，造成全球每年约50×10^{16} km^3的降水量，其中大部分降水落在海洋中，少部分落在陆地上，这就是云、雨、雪、江、河、湖形成的原因

约有3.7×10^{13} kW用来推动海水及大气的对流运动，这便是海流能、波浪能、风能的由来

约0.4×10^{13} kW的太阳能被植物叶子的叶绿素所捕获，成为光合作用的能量来源

图1.3　到达地球表面的太阳辐射能的去向

太阳在单位时间内以辐射形式发射出的能量称为太阳的辐射功率，也叫辐射通量，它的单位是瓦特(W)。

投射到单位面积上的辐射通量叫辐照度，单位是W/m^2。

从单位面积上接收到的辐射能称为曝辐射量，单位为J/m^2。

在一段时间内(如每小时)太阳投射到单位面积上的辐射能量称为辐照量，单位是$kW\cdot h/m^2$。

1.1.2.2　到达地表的太阳辐射

到达地表的太阳辐射一部分以平行光的方式直接到达，称为直接辐射；另一部分是太阳光线经大气散射，投射到地面，称为散射辐射；直接辐射与散射辐射的总和为地球接收到的太阳总辐射能量。

太阳以光辐射的形式将能量传送到地球表面，其辐射光谱分布如图1.4所示。

(1) 太阳常数。人们用太阳常数来描述大气层上的太阳辐射强度。太阳常数指在地球大气层之外，平均日地距离处垂直于太阳光线的单位面积上单位时间内所接收的太阳辐射能，又称为大气质量为0(AM0)的辐射，太阳常数的大小

$$I_{sc}=(1367\pm7)\,W/m^2 \tag{1.2}$$

为平均日地距离时的太阳辐射强度。实际上，一年中的日地距离是变化的，I_{sc}的值也稍有变化，若设大气层上界某一任意时刻的太阳辐射强度为I_0，则

$$I_0 = I_{sc}\left[1+0.033\cos\left(\frac{2\pi n}{365}\right)\right] = I_{sc}r \tag{1.3}$$

式中：r 为日地距离变化引起大气层上界的太阳辐射能量的修正值。

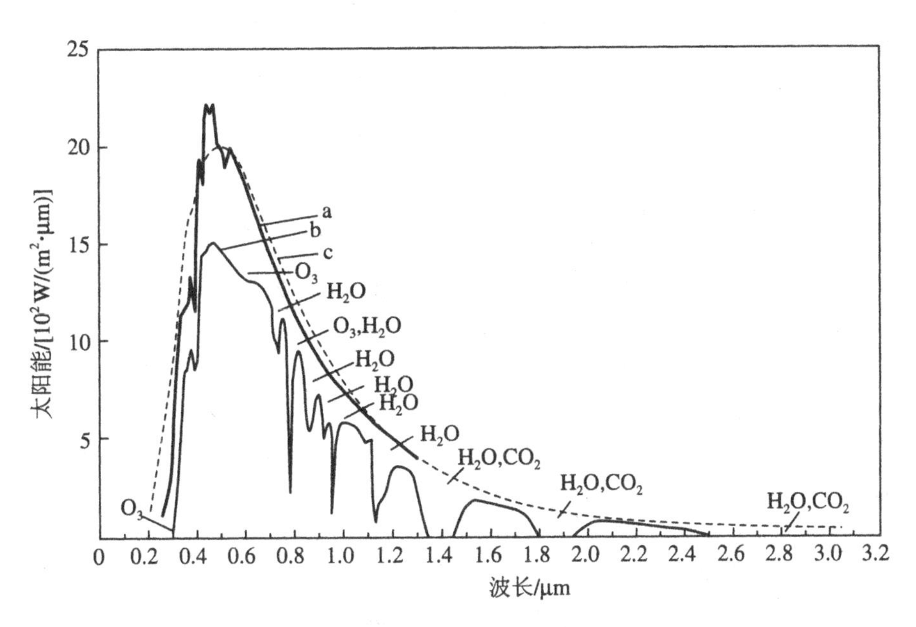

图 1.4　太阳光谱分布图

a—大气层以外；b—在海平面上；c—在 5900 K 时的黑体辐射

(2) 影响地球表面上太阳辐射能的因素。地球大气外的太阳辐射能基本上是一个常数，经过大气层后，要受到一系列因素的影响，实际到达地球表面的太阳辐射能将有所衰减。一般来说，晴朗天气，赤道上空直射时的太阳辐射能只有大气外的 60%～70%；而阴雨或下雪天，地球表面只能接受到一些散射光。据统计，反射回宇宙的能量约占太阳辐射总能量的 30%，被吸收的能量约占 23%，其余 47%左右的能量才能到达地球的陆地和海洋表面，如图 1.5 所示。

影响地球表面上太阳辐射能的主要因素如下。

a. 天文因素：日地距离；太阳赤纬角；太阳时角。

b. 地理因素：地理位置；海拔高度。

c. 物理因素：大气透明度；接受太阳辐射面的表面物理化学性质，包括表面涂层性质。

d. 几何因数：接受太阳辐射面的倾斜度；接受太阳辐射面的方位角。

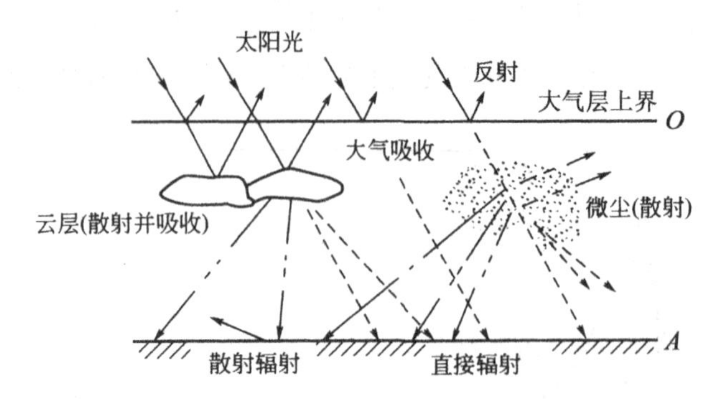

图 1.5　大气对太阳辐射的影响

(3) 大气层对太阳辐射的衰减作用。大气透明度是表征大气对于太阳光线透过程度的一个参数。在晴朗无云的天气，大气透明度高，到达地面的太阳辐射能就多。天空中云雾或灰尘多时，大气透明度低，到达地面的太阳辐射能就少。

根据布克-兰贝特定律，波长为 λ 的太阳辐射 $I_{\lambda,0}$，经过厚度为 $\mathrm{d}m$ 的大气层后，辐射衰减为

$$\mathrm{d}I_{\lambda,n} = -c_\lambda I_{\lambda,0}\,\mathrm{d}m \tag{1.4}$$

将式(1.4)积分，得

$$I_{\lambda,n} = I_{\lambda,0}\exp(-c_{\lambda,m})$$

或

$$I_{\lambda,n} = I_{\lambda,0}\,p_\lambda^m$$

其中

$$p_\lambda = \exp(-c_\lambda)$$

为单色光谱透明度或透明系数。

式中：c_λ 为大气消光系数；$I_{\lambda,0}$ 为大气层上界的波长为 λ 的太阳辐射强度；$I_{\lambda,n}$ 为通过大气到达地表法向的波长为 λ 的太阳辐射强度。将波长 $0\to\infty$ 的整个波段积分，就可得到全色太阳辐射强度

$$I_n = \int_0^\infty I_{\lambda,0}\,p_\lambda^m\,\mathrm{d}\lambda \tag{1.5}$$

设整个太阳辐射光谱范围内的单色透明度的平均值为 p_m，则上式可改写为

$$I_n = p_m\int_0^\infty I_{\lambda,0}\,\mathrm{d}\lambda = p_m^m r I_{sc} \tag{1.6}$$

或

$$p_m=\sqrt[m]{\frac{I_n}{rI_{sc}}}$$

式中：r 为日地距离修正系数；p_m 为复合透明系数，它表征着大气对太阳辐射的衰减程度。

大气透明度与天空云量和大气中所含灰沙等杂质的多少有关。大气层与其他介质一样，也不是完全透明的介质，大气的存在是使地面太阳辐射衰减的主要原因，它对太阳辐射的衰减可归结成以下3种作用的结果：

a. 吸收作用。太阳光谱中的X射线及其他一些超短波辐射在电离层被氮、氧等大气成分强烈吸收；大气中的臭氧对于紫外区域的选择性吸收；大气中的气体分子、水汽、二氧化碳对于波长大于0.69 μm的红外区域的选择性吸收；大气中悬浮的固体微粒和水滴对于太阳辐射中各种波长射线的连续性吸收。

b. 散射作用。大气中悬浮的固体微粒和水滴对于太阳辐射中波长大于0.69 μm的红外区域的连续性散射。

c. 漫反射作用。大气中悬浮的各种粉尘对于太阳光的漫反射，它与大气被污染而变混浊的程度有关。

上述现象就称为大气衰减。大气衰减与太阳光线经过大气的路径长短有关，路径越长，衰减越厉害，随着太阳在地面上方的不同高度，经过路径的长度也不同。如图1.5所示，表明了太阳光线在太阳不同高度时经过地面上方大气的情况。图中 A 为海平面，O 为大气层上界。当太阳位于天顶时，它在海平面上方的高度为90°，太阳光到达海平面所经过的路程最短，受大气衰减作用的影响也最小，这就是为什么中午太阳光最强的原因。

(4) 到达地表的法向太阳直接辐射强度。大气透明度与大气质量 m 有关，为了比较不同大气质量情况下的大气透明度，必须将大气透明度修正到某一给定的大气质量。例如，将大气质量为 m 的大气透明度 p_m 修正到大气质量为2的大气透明度 p_2，此时到达地表的法向太阳直接辐射强度为

$$I_{b,n}=rI_{sc}p_2^m$$

式中：r 为日地距离修正值；I_{sc} 为太阳常数；p_2 为修正到 $m=2$ 时的 p_m 值。

1.1.3 太阳能资源

全球太阳能源的分布情况如下：

(1) 太阳能源最丰富的国家或地区为阿尔及利亚、印度、巴基斯坦、中东、北非、澳大利亚和新西兰。

(2) 太阳能资源较丰富的国家或地区为美国、中美和南美南部。

(3) 太阳能资源丰富程度中等的国家或地区为巴西、中国、东南亚、欧洲西南部、大洋洲、中非和朝鲜。

(4) 太阳能资源丰富程度中低的国家或地区为日本和东欧。

(5) 太阳能资源丰富程度最低的国家或地区为加拿大和欧洲西北部。

在我国辽阔的土地上,有着十分丰富的太阳能资源。据估算,我国陆地每年接受的太阳能辐射量约为 5.02×10^{22} J,相当于 1.7 万亿 t 标准煤的能量(标准煤的燃烧值:国标为 29 305 kJ/kg;行业标准为 29 271 kJ/kg),数量是非常巨大的。全国各地太阳年辐射总量达 3 350～8 370 MJ/m^2,中值为 5 860 MJ/m^2。因此,研究和发展太阳能的利用对我国今后能源与电力的发展有着特别重要的意义。

有关专家根据 20 世纪末期的太阳能分布数据,将我国陆地划分为 4 个太阳能资源带。各太阳能资源带的全年太阳能总辐射量见图 1.6。

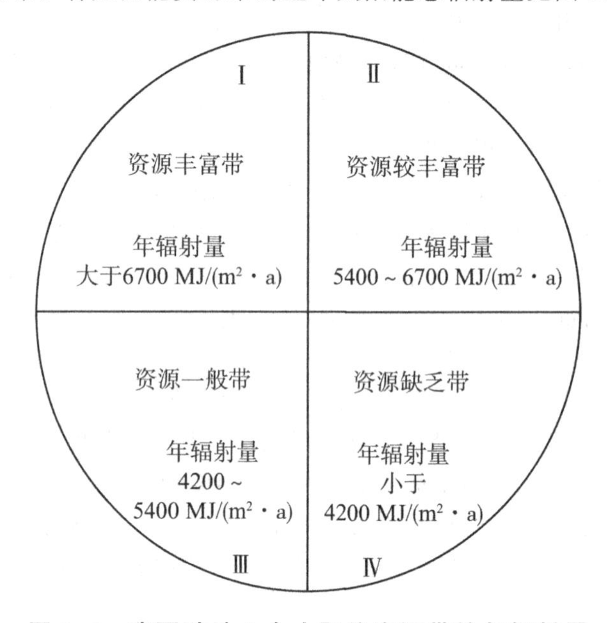

图 1.6　我国陆地 4 个太阳能资源带的年辐射量

20 世纪 80 年代,中国的科研人员根据各地接受太阳总辐射量的多少,将全国又划分为如下 5 类地区:

(1) 一类地区。我国太阳能资源最丰富的地区主要包括青藏高原、甘肃北部、宁夏北部和新疆南部等地。全年日照时数为 3200～3300 h,辐射量为 6700～8370 MJ/(m^2 · a),相当于 230～285 kg 标准煤燃烧所发出的热量。

(2) 二类地区。我国太阳能资源比较丰富的地区主要包括河北西北部、山西北部、内蒙古南部、宁夏南部、甘肃中部、青海东部、西藏东南部和新疆南部等地。全年日照时数为 3000～3200 h，辐射量为 5860～6700 MJ/(m^2 · a)，相当于 200～230 kg 标准煤燃烧所发出的热量。

(3) 三类地区。我国太阳能资源中等类型地区主要包括山东、河南、河北东南部、山西南部、新疆北部、吉林、辽宁、云南、陕西北部、甘肃东南部、广东南部、福建南部、苏北、皖北、台湾西南部等地。全年日照时数为 2200～3000 h，辐射量为 4950～5860 MJ/(m^2 · a)，相当于 170～200 kg 标准煤燃烧所发出的热量。

(4) 四类地区。我国太阳能资源较缺乏的地区主要位于长江中下游，包括湖南、湖北、广西、江西、浙江、福建北部、广东北部、陕西南部、江苏北部、安徽南部以及黑龙江、台湾东北部等地。

(5) 五类地区。我国太阳能资源最少的地区主要包括四川、贵州、重庆等地。全年日照时数为 1000～1400 h，辐射量为 3344～4190 MJ/(m^2 · a)。两次测量的数据发生了变化，从原来的五个分区变为如今的四个。从太阳能资源开发利用的角度看，不仅要考虑年日照时数，还要考虑月平均气温等因素，这样还可将全国分为 4 个区：太阳能丰富区；太阳能较丰富区；太阳能可利用区；太阳能贫乏区。

1.1.4　太阳能供暖技术对太阳辐射能的应用

太阳能供暖系统直接利用太阳辐射能供暖，也称太阳房。太阳房(太阳能供暖系统)主要分为两大类：主动式和被动式。

主动式太阳房一般包括太阳能集热器、储能装置、供暖房间的配热设备以及输送热媒的动力设备、备用系统(辅助热源)等。主动式太阳房的结构形式很多，图 1.7 所示为典型的无辅助锅炉的主动式太阳房。它利用集热器产生的热水采暖，结构简单，蓄热器置于室外，室内又是由地板供暖，故不占用室内居住面积是这种系统的一大优点。

此外，为保证室内能稳定供暖，并在供暖的同时还能供热水，对比较大的住宅和办公楼通常还需配备辅助热水锅炉。图 1.8 所示为有辅助锅炉的主动式太阳房。这种太阳房可全年供热水。

根据输送热量的传热工质的不同，主动式太阳房的供暖系统又可分为空气式和热水式两种，如图 1.9 所示。此外，还有热水集热、热风供暖太阳房以及热风集热、热风供暖太阳房等。

不用任何机械动力，仅靠太阳能自然供暖的方式称为被动式太阳房。

被动式太阳房的结构如图 1.10 所示，被动式太阳房不需辅助能源，主要靠太阳能供暖。

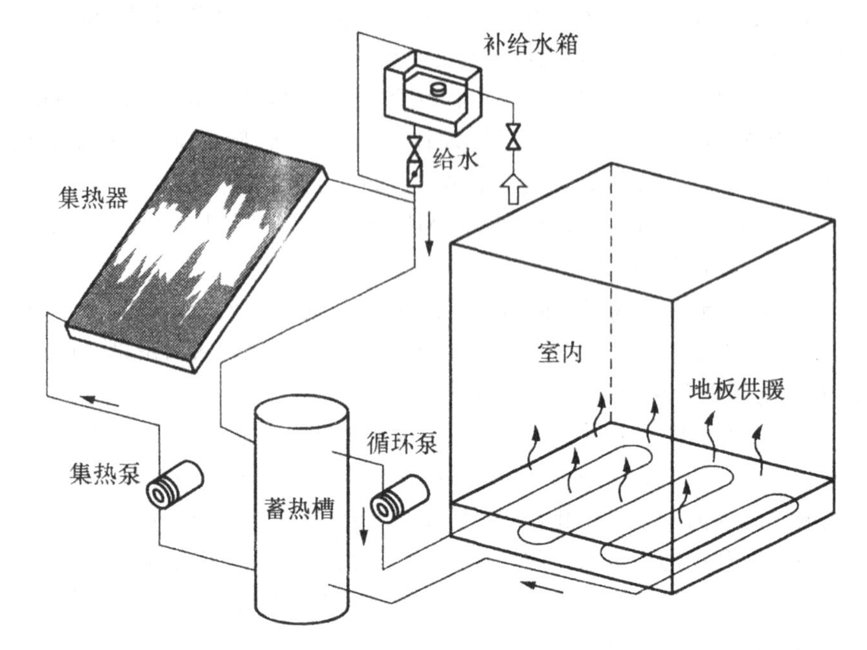

图 1.7　无辅助锅炉的主动式太阳房

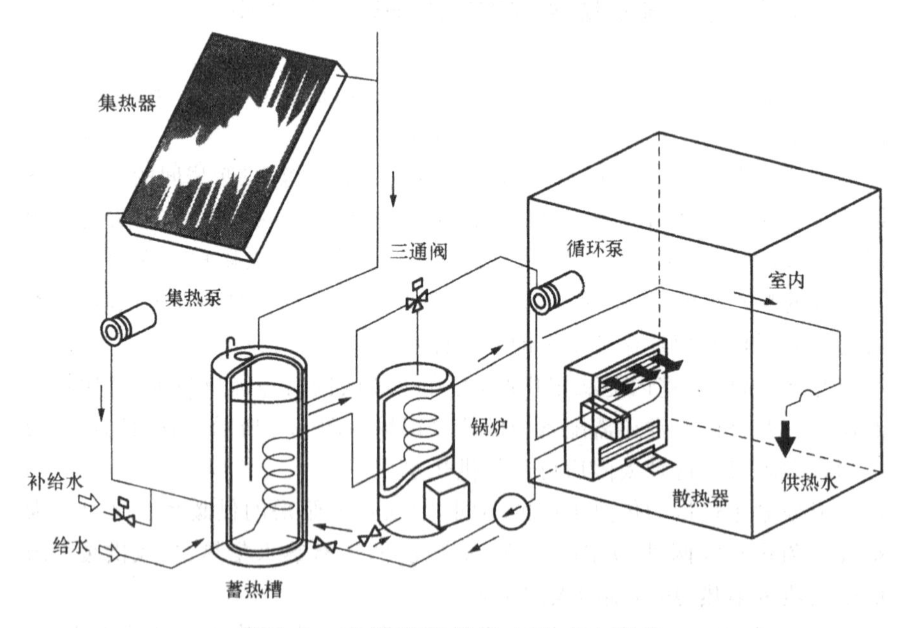

图 1.8　有辅助锅炉的主动式太阳房

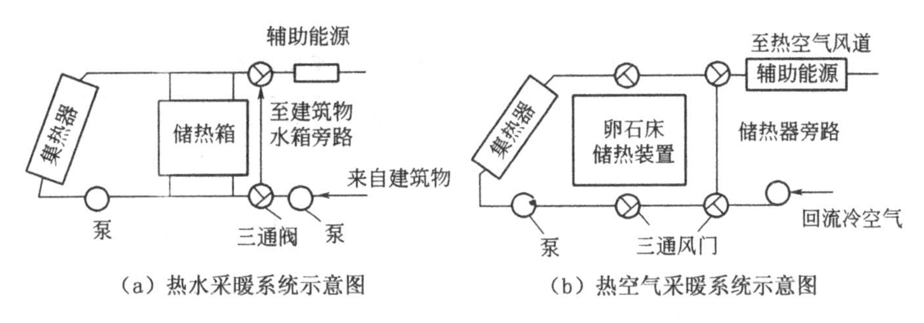

（a）热水采暖系统示意图　　（b）热空气采暖系统示意图

图 1.9　主动式太阳房的供暖系统

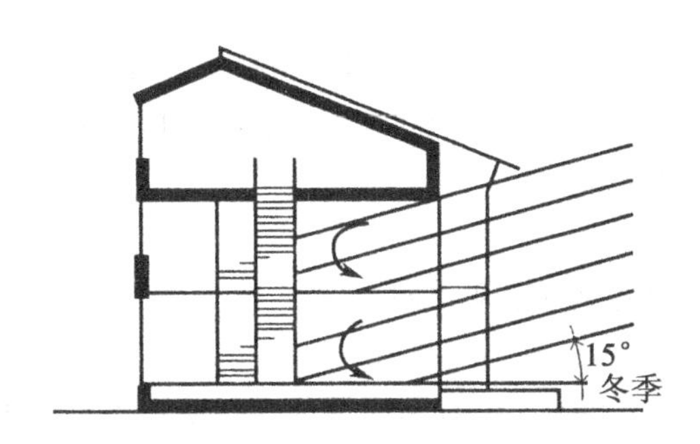

图 1.10　利用保温效应的被动式太阳房的结构示意图

1.2　太阳能光伏发电的重要意义

1.2.1　世界能源危机

近年来，曾支撑 20 世纪人类文明高速发展的以石油、煤炭和天然气为主的化石能源出现了前所未有的危机，更严重的是还会引起环境问题。

随着世界经济、社会的发展，未来世界能源需求量将继续增加。预计 2020 年达到 128.89 亿 t 油当量，2025 年达到 136.50 亿 t 油当量，年均增长率为 1.2%。然而地球上化石燃料的蕴藏量是有限的，根据已探明的储量，化石能源耗尽时间为：石油、天然气 50～100 年，煤炭 200 多年。

中国是目前世界上第二能源生产国和消费国，能源资源总量比较丰富。即便如此，已探明的石油、天然气资源储量仍相对不足。再加上中国人口众多，人均能源资源拥有量在世界上处于较低水平（表 1.1），能源供应形势不容乐观。

表 1.1 世界及我国主要化石能源可采储量情况

能源类型	世界可采储量	我国化石能源情况		
		可采储量	占世界比例/%	世界排名
石油	1686.3 亿 t	21.2 亿 t	1.3	14
天然气	177.4 万亿 m^3	1.9 万亿 m^3	1.1	18
煤炭	8474.9 亿 t	1145.0 亿 t	13.5	3

如此严峻的形势下，开发和使用新能源（可再生能源和无污染绿色能源）已是目前迫切需要解决的重要问题。太阳能正是一种理想的可再生能源和无污染的绿色能源。

1.2.2 可再生能源的潜力

人与自然应和谐共处。人口与能源的现状使得不少国家的能源战略都有一个明显的政策导向——鼓励开发新能源。新能源又称非常规能源，指传统能源之外的各种能源形式，或刚开始开发利用或正在积极研究、有待推广的能源。其中核能、太阳能即将成为主要能源。而福岛核事故导致全球对核能的看法发生了改变，这给太阳能提供了更多的机会。目前太阳能发电成本较高，化石能源发电仍最具有经济性。但化石能源是地球几十亿年来累积起来的深埋在地下的，总有一天会消耗殆尽。充分利用太阳能来满足我们的需要成为当下最好的选择。

1.2.3 传统电网的局限性

传统电能主要来源于水力发电和火力发电。

(1) 水力发电。水力发电不会给环境带来太大的冲击。除可提供廉价的电力外，水力发电还有下列优点：控制洪水泛滥；提供灌溉用水；改善河流航运的同时改善该地区的交通、电力供应和经济，还可以发展旅游业及水产养殖。

但是不足也是存在的。因地形上的限制无法建造太大的容量，单机容量为 300 MW 左右；建厂期长，建造费用高；因设于天然河川或湖沼地带、易受地质灾害，影响其他水利工程的建设；电力输出易受气候的影响；建厂后不易增加容量。

(2) 火力发电。火力发电的优点:技术成熟,目前成本最低。火力发电的缺点:污染大,可持续发展前景暗淡;耗能大,效率低。

现在全球还有将近 20 亿人口没有用上电,其中大部分生活在经济不发达的边远地区。由于居住分散,交通不便,通过延伸常规电力来解决生活用电问题存在很大的难度。没有电力供应会严重制约当地经济的发展。而这些无电地区往往太阳能资源十分丰富,利用太阳能发电是理想的选择。

1.3　太阳能光伏发电系统的构成与工作原理

1.3.1　太阳能光伏发电系统的组成

太阳能光伏发电系统的应用形式和种类多种多样,它们的组成和工作原理相同。太阳能电池方阵、蓄电池、逆变器、光伏控制器共同构成了太阳能的结构,另外还包括测试、监控、防护等一些附属保护设备(图 1.11)。

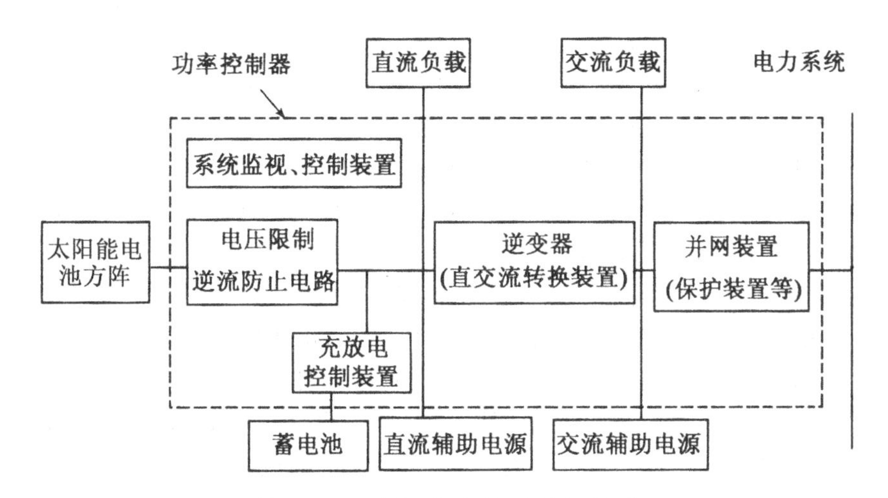

图 1.11　太阳能光伏系统的构成

图 1.12 所示为住宅用并网型太阳能光伏系统,它由太阳能电池方阵、功率控制器、汇流箱、配电盘、卖电和买电用电表以及支架等设备构成。这些设备的构成、功能、原理等将在后面的章节中详细叙述。

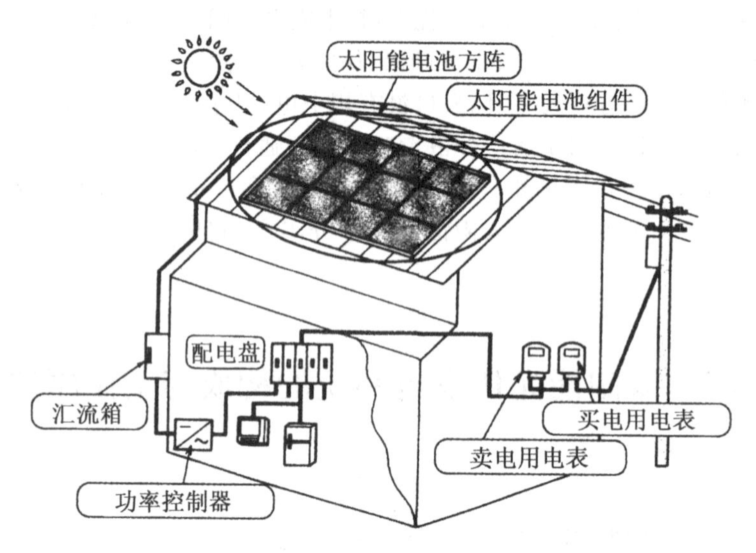

图 1.12　住宅用并网型太阳能光伏系统

(1) 太阳能电池方阵。一个太阳能单体电池只能产生大约 0.5 V 的电压，远低于实际应用系统所需要的电压，因此需要将太阳能单体电池通过互连带(涂锡铜带)连接成组件。多晶硅组件的规格主要有 60 片多晶电池片组件和 72 片多晶硅电池片组件。当需要更高的电压和电流时，可以将多个组件按照系统逆变器输入电压的需求串、并联组成太阳能电池方阵。

太阳能电池方阵是光伏发电系统的核心部分，也是光伏发电系统中价值最高的部分，其作用是将太阳的辐射能转换为电能，或送往蓄电池中储存起来，或带动负载工作。目前主流的晶硅电池组件额定功率为 255～325 W，其中单晶硅电池组件的转换效率大约为 16%，多晶硅电池组件的转换效率大约为 15%。要安装太阳能电池方阵需要占用一定的面积，例如 3 kW 的太阳能电池方阵大约占 20～30 m^2 的面积。

太阳能电池方阵的电路图如图 1～13 所示，由太阳能电池组件构成的纵列组件、逆流防止元件(防逆流二极管)VD_s、旁路元件(旁路二极管)VD_b 以及端子箱体等组成。纵列组件是根据所需输出电压将太阳能电池组件串联而成的电路。各纵列组件经逆流防止元件并联而成。

当某一太阳能电池组件被树叶、日影遮盖的时候，几乎不能发电。此时，方阵中各纵列组件之间的电压会出现不相等、不平衡的情况，引起各纵列组件间、阵列间环流以及逆变器等设备的电流逆流情况。为了防止逆流现象的发生，需要在各纵列组件上串联防逆流二极管。防逆流二极管一般装在接线盒内，也有安装在太阳能电池组件的端子箱内的。选用防逆流二极管时，一般要考虑所在回路的最大电流，并能承受该回路的最大反向电压。

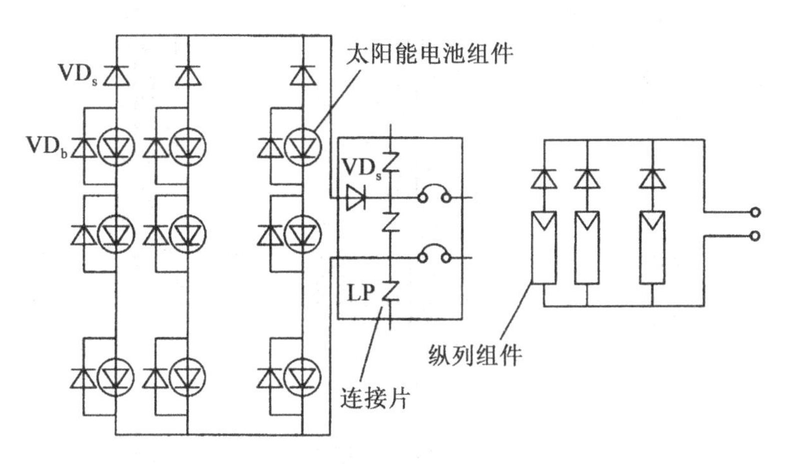

图 1.13　太阳能电池方阵电路图

另外，各太阳能电池组件都接有旁路二极管。当太阳能电池方阵部分被日影遮盖或组件的某部分出现故障时，电流将不流过未发电的组件而流经旁路二极管，并为负载提供电力。如果不接旁路二极管，各纵列组件的输出电压的合成电压将对未发电的组件形成反向电压，出现过热部分，还会导致电池方阵的输出电能下降。

一般来说，1～4 块组件并联一个旁路二极管，安装在太阳能电池背面的端子盒的正负极之间。选择旁路二极管时应使其能通过纵列组件的短路电流，反向耐压为纵列组件的最大输出电压的 1.5 倍以上。图 1.14 所示为太阳能电池方阵的实际构成图，图 1.14(a)所示为纵列组件，图 1.14(b)所示为根据所需容量将多个纵列组件并联而成的太阳能电池方阵。

(2) 蓄电池。蓄电池的作用是将太阳能电池发出的电能存储起来，并随时向负载供电。它是独立光伏发电系统的储能部件。作为太阳能光伏电系统的蓄电池必须具备使用寿命长、充电效率高、放电能力强、自放电率低、价格低廉、工作温度范围宽等优点。

(3) 逆变器。逆变器是将直流电转换成交流电的设备。在带有交流负载的太阳能光伏发电系统中，通过逆变器将太阳能电池组件产生的直流电或者蓄电池释放的直流电转化为负载需要的交流电。

(4) 光伏控制器。光伏控制器是整个系统的核心控制部分，控制整个太阳能光伏系统的工作状态。随着光伏产业的发展，控制器的功能越来越强大，而且有将传统的控制、逆变部分集成在一起的趋势。

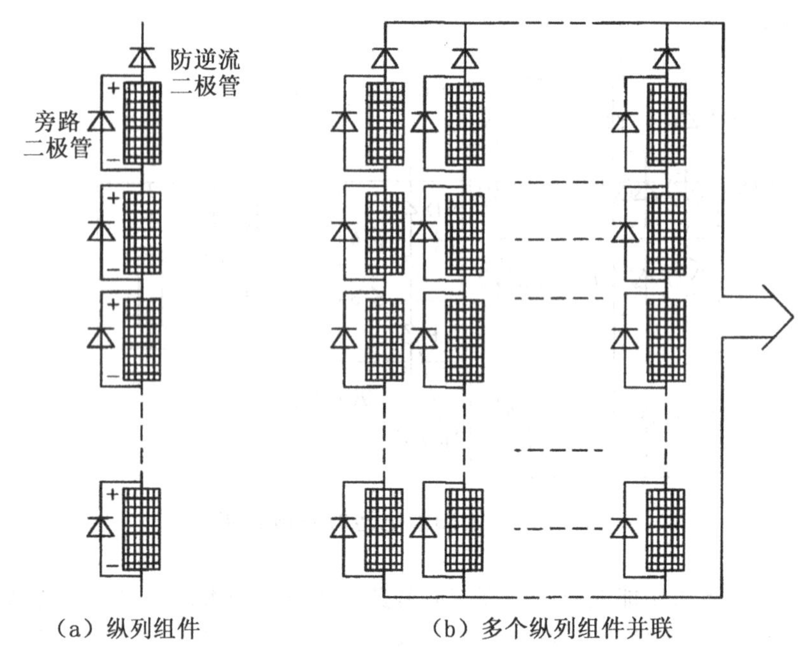

(a) 纵列组件　　　　(b) 多个纵列组件并联

图 1.14　太阳能电池方阵的实际构成图

(5) 用电负载。太阳能光伏电系统又可分为直流负载系统和交流负载系统两类。阻抗特性(电阻性、电感性或电容性)、负载功率等是设计太阳能光伏电系统时必须考虑的因素。

(6) 光伏发电系统附属设施。光伏发电系统的附属设施有直流配电系统、交流配电系统、检测系统和运行监控、接地和防雷系统等。

1.3.2　太阳能光伏发电的工作原理

光生伏特效应在液体和固体物质中都会发生,但是只有固体(尤其是半导体 PN 结器件)在太阳光照射下的光电转换效率较高。利用光生伏特效应原理制成的晶体硅太阳能电池,可将太阳的光能直接转换成为电能。太阳能光伏发电的能量转换器是太阳能电池,又称光伏电池,它是太阳能光伏发电系统的基础和核心器件。太阳能转换成为电能的过程主要包括以下 3 个步骤:

(1) 太阳能电池吸收一定能量的光子后,半导体内产生电子-空穴对,称为“光生载流子”,两者的电极性相反,电子带负电,空穴带正电。

(2) 电极性相反的光生载流子被半导体 PN 结所产生的静电场分离开。

(3) 光生载流电子和空穴分别被太阳能电池的正、负极收集，并在外电路中产生电流，从而获得电能。

太阳能光伏发电原理和结构如图 1.15 所示。当光线照射太阳能电池表面时，一部分光子被硅材料吸收，光子的能量传递给硅原子，使原子核外处于束缚态的价电子发生跃迁，成为自由电子和空穴，分别在 PN 结两侧集聚形成电位差。当外部电路接通时，在该电压的作用下，将会有电流流过，外部电路会产生一定的输出功率。这个过程的实质是光子能量转换成电能的过程。

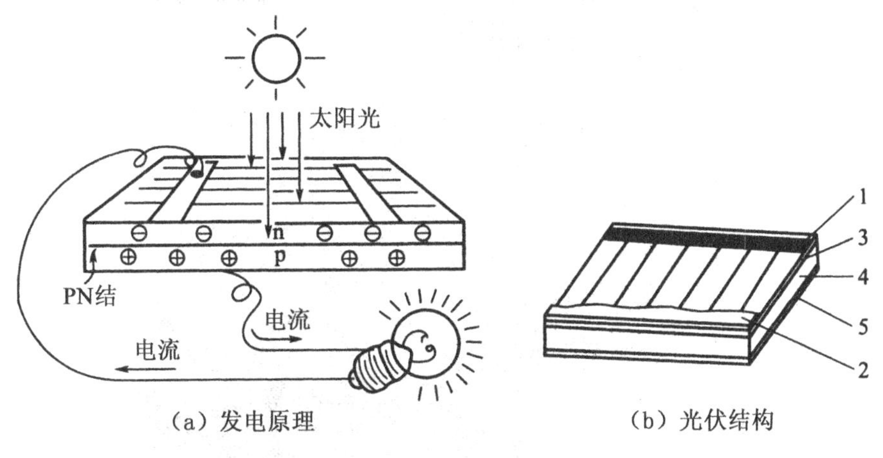

(a) 发电原理　　(b) 光伏结构

图 1.15　太阳能光伏的发电原理和结构

1—栅线电极；2—减反射膜；3—扩散区；4—基区；5—底电极

太阳能电池只要受到阳光或灯光的照射，就能够把光能转变为电能，太阳能电池可发出相当于所接收光能的 10%～20%的电。一般来说，光线越强，发出的电能就越多。为了使太阳能电池板最大限度地减少光反射，将光能转变为电能，一般在太阳能电池板的上面都覆盖有一层可防止光反射的膜(减反射膜)，从而使太阳能电池板的表面呈紫色。

1.4　太阳能光伏发电产业发展前景

充分开发利用太阳能是世界各国政府可持续发展的能源战略决策，其中太阳能光伏发电最受瞩目。太阳能光伏发电远期将大规模应用，近期可解决特殊应用领域的需要。2010 年，全球光伏系统累计装机容量达 14 GW，其中，日本为 4.8 GW,欧洲为 3.0 GW,美国为 2.1 GW,中国为 0.5 GW,其他国家和地区为 3.6 GW。欧洲联合研究中心(Joint Research Center,JRC)预测世界能源发生根本性变革的标志性警戒线是化石燃料开采峰值将发生在 2030 年左右。

人类开发可再生能源的任务十分紧迫,太阳能是未来最主要的战略能源。在我们身边,有关太阳能光伏发电的应用实例已经有很多。如图 1.16 所示的光伏电动车和图 1.17 所示的光伏温室都是一些光伏发电的实际应用例子。

如图 1.18 所示,是一个太阳能与建筑一体化的设计案例。

图 1.16 光伏电动车

图 1.17 光伏温室

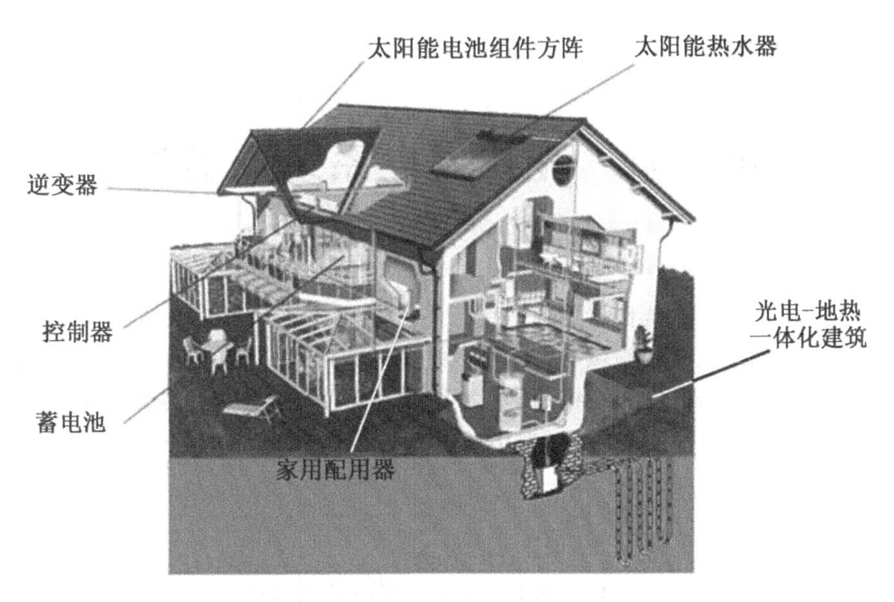

图 1.18　太阳能与建筑一体化案例

世界上很多有实力的大国都制订了雄心勃勃的光伏发电发展规划，美国、日本和欧洲等国家和地区都制订出到 2030 年的光伏发展路线图。规划中除了光伏累计装机的目标还有成本目标和太阳能电池的效率目标。

专家预计，21 世纪前半期的 30～50 年，光伏发电量将超过核电发电量。以 2040 年为例进行计算，这要求光伏发电年增长率达 16.5%，这是一个很实际的发展速度，前提是光伏系统安装成本至少能和核能发电相比。

总之，21 世纪世界光伏发电的发展将具有以下几个特点：①光伏产业将继续以高增长速率发展；②太阳能电池组件成本将大幅度降低；③太阳能光伏发电产业将进行技术转型；④薄膜太阳能电池技术将获得突破；⑤太阳能光伏建筑集成并网发电快速发展。

第2章 光伏发电系统的类型

太阳能光伏系统根据负载是直流还是交流、是否带有蓄电池、是否与电力系统并网以及应用领域等可以有多种多样的形式。最常见的是根据太阳能光伏系统是否与电力系统并网，将太阳能光伏系统分成独立系统和并网系统。除此之外，还有互补型光伏发电系统等。本章将介绍这些系统的构成、特点及应用。

2.1 独立光伏发电系统

独立光伏发电系统是利用太阳能电池组件方阵直接将太阳辐射能转为电能，且不需与常规电力系统相连而独立运行的光伏系统。在这种系统中，要把使用的电量限制在系统的发电量以下，在太阳光照射下，太阳能电池将产生的电能通过控制器直接给负载供电，或者在满足负载需求的情况下将多余的电力充给蓄电池进行能量储存。当日照不足或者在夜间系统不能发电时，则由蓄电池直接给直流负载供电或者通过逆变器给交流负载供电。这样的系统多用在离电网较远的山区、岛屿等地区。

2.1.1 独立光伏发电系统的构成

独立太阳能发电系统的主要组成有：太阳能电池组件及支架，免维护铅酸蓄电池，充放电控制器，逆变器(使用交流负载时使用)，各种专用交、直流灯具，配电柜及线缆等。图2.1为一种常用的太阳能独立光伏发电系统结构示意图。

控制箱箱体应材质良好，美观耐用；控制箱内放置免维护铅酸蓄电池和充放电控制器。阀控密封式铅酸蓄电池，由于其维护很少，故又被称为“免维护电池”，用它有利于系统维护费用的降低；充放电控制器在设计上具备光控、时控、过充保护、过放保护和反接保护等功能。

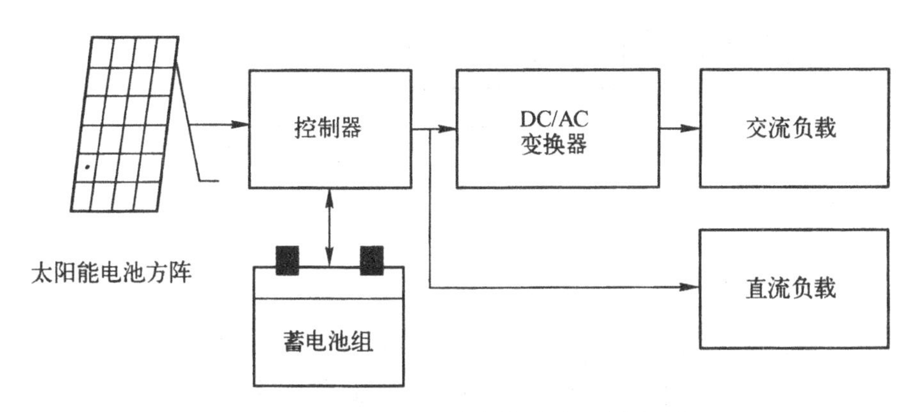

图 2.1　独立太阳能光伏发电系统构成

2.1.2　独立光伏发电系统的分类及用途

独立系统根据负载的情况可分为专用负载系统和一般负载系统。专用负载系统是指太阳能电池的输出功率与负载一一对应的系统；而一般负载系统是指在一定范围内以不特定的负载为对象的系统。另外，根据负载是直流还是交流以及蓄电池的有无可以有如图 2.2 所示的若干分类。

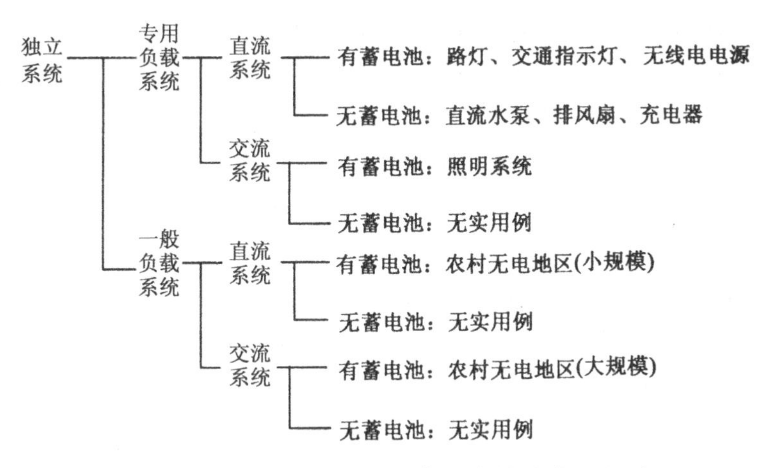

图 2.2　独立型太阳能光伏系统的分类及用途

直流系统、交流系统和交直流混合系统 3 种类型的主要区别标志是系统中是否有逆变器(图 2.3)。

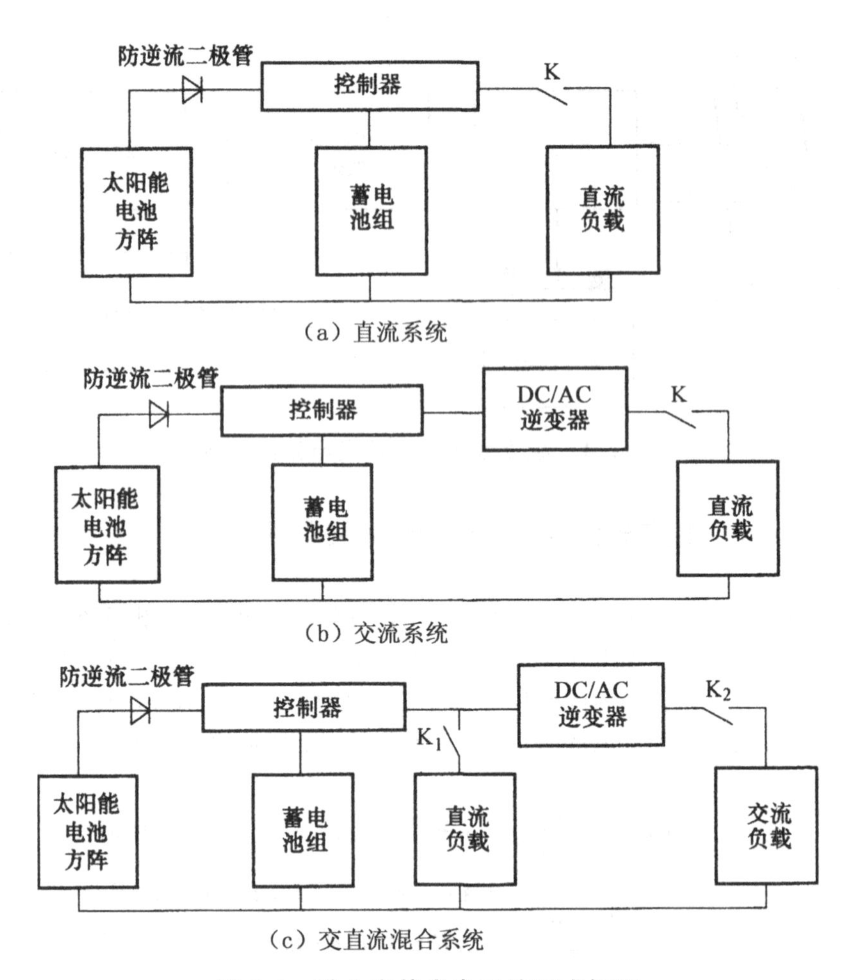

图 2.3　独立光伏发电系统组成框图

独立系统一般适用于下列情况：

(1) 需要携带的设备，如野外作业用携带型设备的电源；

(2) 夜间、阴雨天等不需电网供电；

(3) 远离电网的边远地区；

(4) 不需要并网；

(5) 不采用电气配线施工；

(6) 不需要备用电源。

一般来说，远离送、配电线而又需要电力的地方以及如柴油发电需要运输燃料、发电成本较高的情况下使用独立系统比较经济，可优先考虑使用独立系统。

小型独立太阳能电池系统应用广泛，如航标灯、铁路信号灯、电围栏电源、黑光灯电源、偏僻山区、分散海岛、辽阔草原的广播、电视、通信设备电源等。航标灯是河流、湖泊、运河、水库等航道的导航设施。太阳能电池航标灯有如下优点：①使用可靠，维修简单；可经受住多次强风考验。②灯光亮度稳定，保证射程；减轻了航标工人的劳动强度；使航标管理水平提高，灯光正常率提高。应用太阳能电池作为航标灯的电源，在国内外已很普遍，使用效果良好，稳定可靠。铁路信号灯是保证安全正点运行的关键设备。电围栏电源基本原理示意图如图2.4所示。害虫对农林业生产具有很大的破坏作用，应用黑光灯防治害虫能够起到很好的作用。

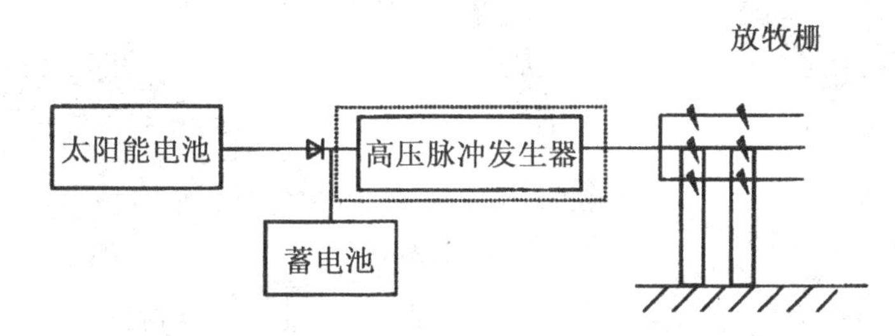

图2.4 电围栏电源基本原理示意图

2.2 并网光伏发电系统

独立光伏发电系统需要增加储能元件，且常规储能元件（如蓄电池等）寿命太短，在很大程度上增加了系统的成本。而并网光伏发电系统不经过蓄电池储能，直接通过并网逆变器接入电网，则建设和维护成本较低，因此，并网光伏发电系统是现在和未来太阳能发电的主流形式。并网型光伏发电系统示意图如图2.5所示。

2.2.1 并网光伏发电系统的构成

并网光伏发电系统主要由太阳能电池方阵、光伏并网逆变电源等组成。并网逆变器将太阳能电池方阵所发出的直流电逆变为正弦交流电并入电网中。除此之外还会加入电能表以计算买入和售出的电能。并网光伏发电系统结构框图如图2.6所示。

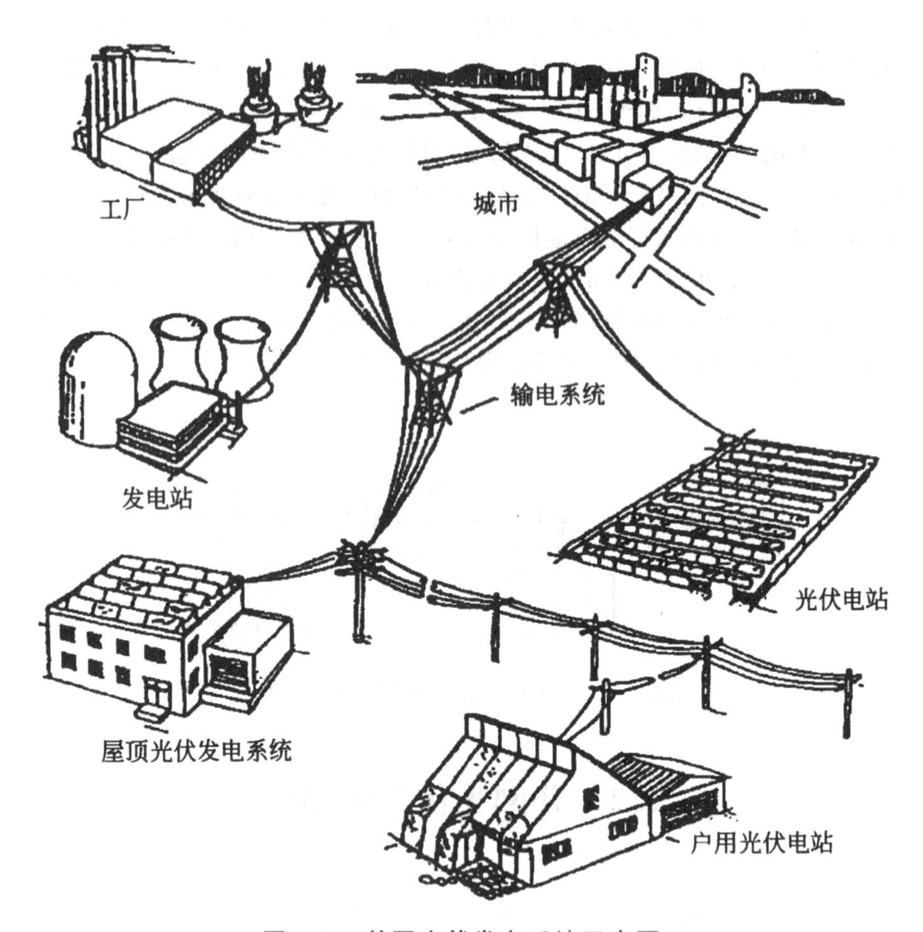

图 2.5　并网光伏发电系统示意图

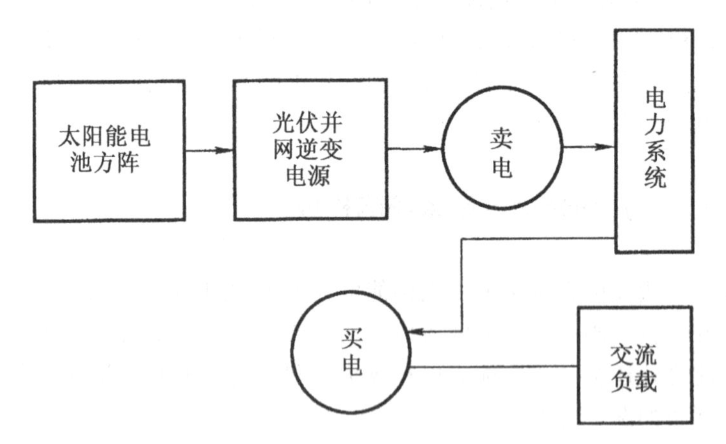

图 2.6　并网光伏发电系统结构框图

2.2.2 系统的主要并网形式

2.2.2.1 集中式并网

集中式并网的特点是所发电能被直接输送到大电网，由大电网统一调配向用户供电，与大电网之间的电力交换是单向的。逆变器后 380 V 三相交流电，接至升压变前 380 V 母线，升压后上网，升压变比为 0.4/10.5 kV(图 2.7)。这种方式适用于大型光伏电站并网，通常离负荷点比较远，荒漠光伏电站通常采用这种方式并网。

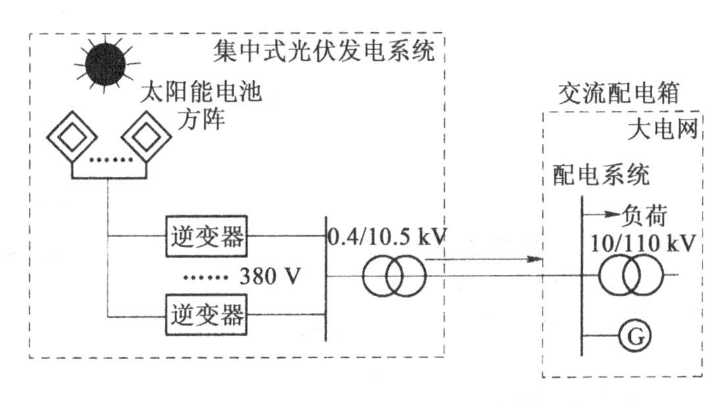

图 2.7 集中式并网示意图

2.2.2.2 分散式并网

分散式并网的特点是所发出的电能直接分配到用电负载上，多余或者不足的电力通过连接大电网来调节，与大电网之间的电力交换可能是双向的(图 2.8)。它适于小规模光伏发电系统，城区光伏发电系统通常采用这种方式，特别是与建筑结合的光伏系统。

建筑物屋顶并网光伏系统发电功率容量也有大小之分。家用屋顶光伏系统的装机容量较小，一般为千瓦级，为自家供电，由自家管理，独立计量电量。公共建筑屋顶或居住小区系统的装机容量较大些，甚至可达兆瓦级，为一个小区或一栋建筑物供电，统一管理，集中分表计量电量。

典型住宅屋顶并网光伏系统主要由太阳能电池方阵、并网逆变器等部分构成，如图 2.9 所示。

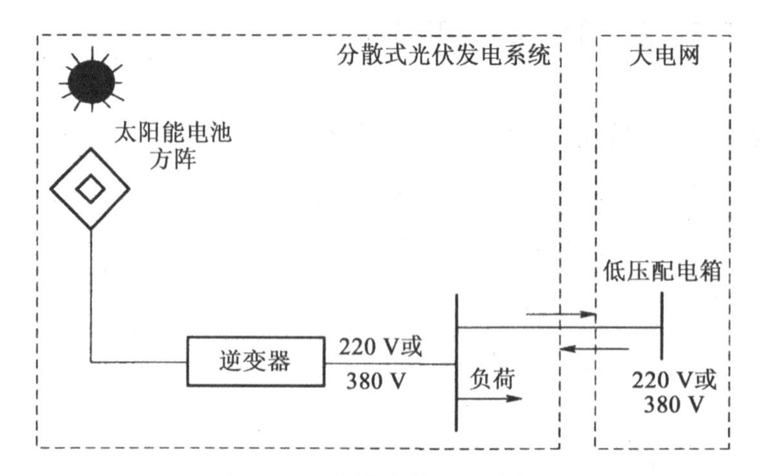

图 2.8　分散式并网示意图

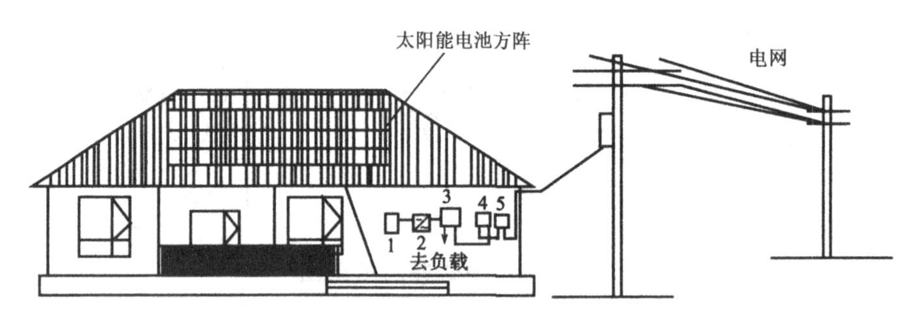

图 2.9　典型住宅屋顶并网光伏系统示意图

1—接线箱;2—并网逆变器;3—配电箱;
4—电表(向电网输出);5—电表(从电网引入)

2.2.3　并网光伏发电系统的分类

并网系统是指太阳能光伏系统接入电网的系统。根据太阳能光伏系统是否向电网送电可分为反送电(reverse power flow)系统和无反送电系统。另外,根据两者的电气关系可以分为切换式系统、地域并网式太阳能光伏系统等,如图 2.10 所示。太阳能光伏系统作为分布式电源,一般以分布系统(dispersed system)的形式被利用。

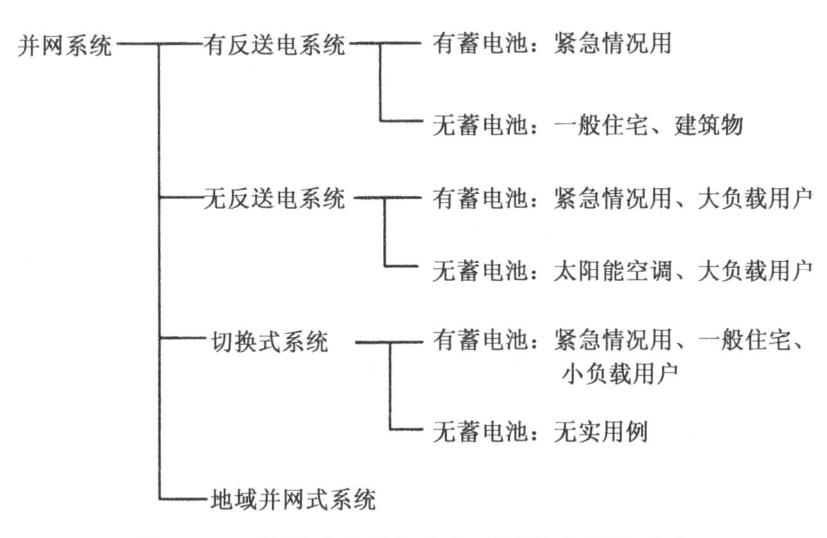

图 2.10　并网型太阳能光伏系统的分类及用途

2.2.3.1　以所产生的电能能否反送到电力系统分类

(1) 有反送电并网系统。太阳能电池的输出功率供给负载后，若有剩余电能且剩余电能流向电网的系统，称为有反送电并网系统，如图 2.11 所示。当太阳能光伏系统提供的电力不足时，由电网向负载供电(买电)。这种系统适用于家庭用电源、工业用电源等场合。

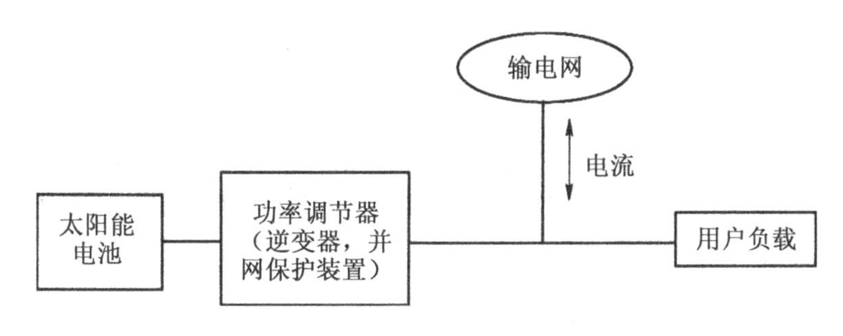

图 2.11　有反送电并网系统

(2) 无反送电并网系统。太阳能光伏发电系统即使发电充裕也不向公共电网供电，但当太阳能光伏系统供电不足时，则由公共电网向负载供电。无反送电并网系统如图 2.12 所示。

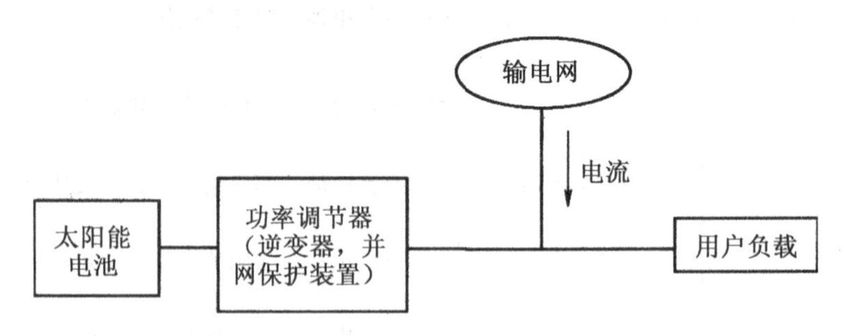

图 2.12　无反送电并网系统

并网系统的最大优点是可省去蓄电池。目前，不带蓄电池、有反送电的并网式屋顶太阳能光伏系统正得到越来越广泛的应用。然而，近年来由于地震、停电等原因，在并网系统中安装蓄电池的情况正在逐步增加，当电网停电时，太阳能光伏系统为负载提供电能。

2.2.3.2　以用电类型分类

(1) 切换型并网系统。该系统具有自动运行双向切换的功能(图 2.13)。一般切换型并网光伏发电系统都带有储能装置。这种系统在设计蓄电池的容量时可选择较小容量的蓄电池，以节省投资。

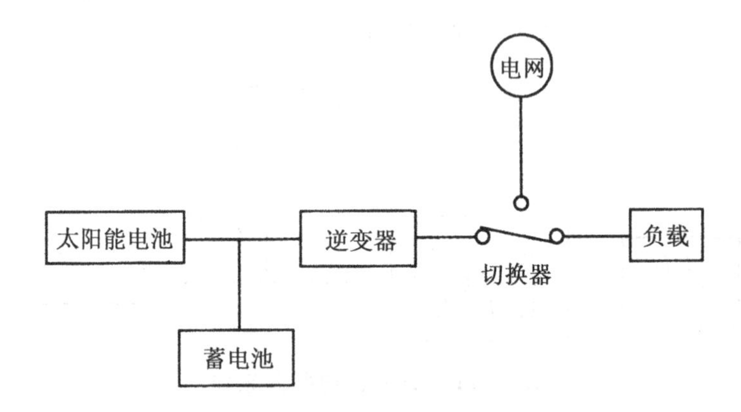

图 2.13　切换型并网系统

独立运行切换型(grid backed-up)太阳能光伏系统一般用于灾害、救灾等情况。图 2.14 为独立运行切换型(防灾型)太阳能光伏系统。

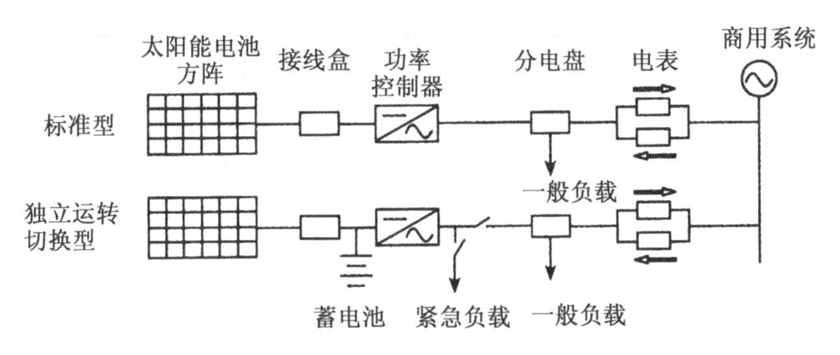

图 2.14　独立运行切换型(防灾型)太阳能光伏系统

(2) 直、交流并网型太阳能光伏系统(图 2.15)。直流并网型太阳能光伏系统中所产生的直流电可以直接供给信息通信设备使用。为了提高供电的可靠性和独立性,太阳能光伏系统也可同时与商用电力系统并用。交流并网型太阳能光伏系统可以为交流负载提供电能。图中,实线和虚线分别代表不同情况下的电能流向。

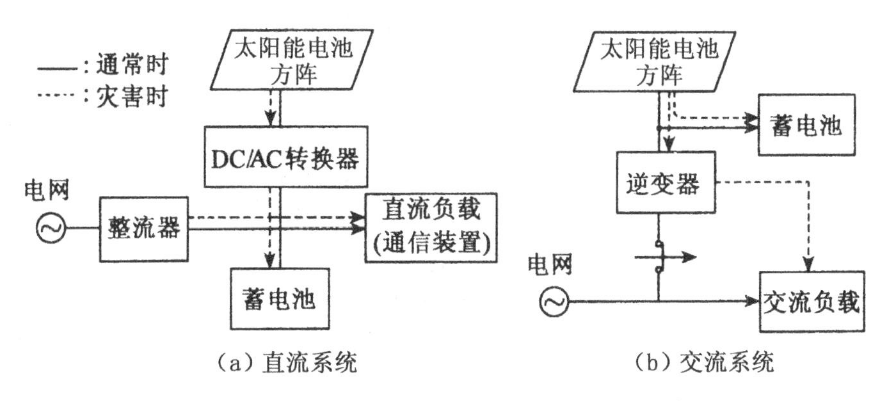

图 2.15　直、交流并网型太阳能光伏系统

(3) 地域并网型太阳能光伏系统。传统的太阳能光伏系统如图 2.16 所示,该系统主要由太阳能电池、逆变器、控制器、自动保护系统、负荷等构成。其特点是太阳能光伏系统分别与电力系统的配电线相连。各太阳能光伏系统的剩余电能直接送往电力系统(称为卖电);各负荷的所需电能不足时,直接从电力系统得到电能(称为买电)。

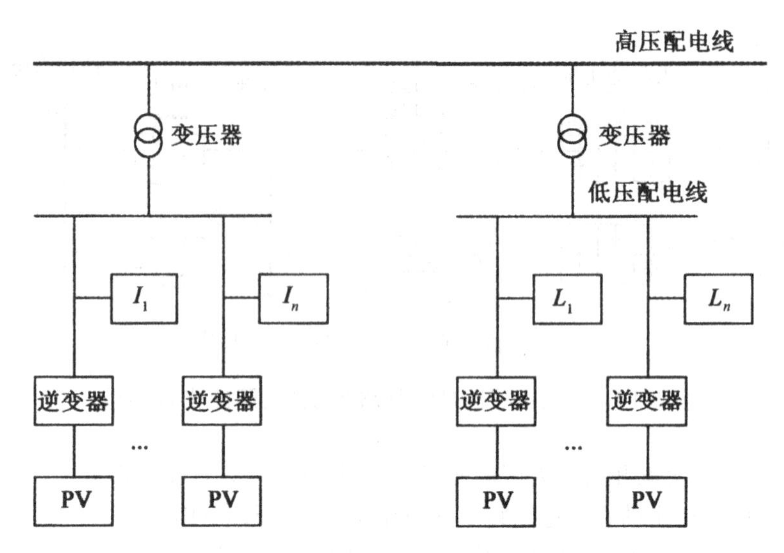

图 2.16　传统的太阳能光伏系统

I—民用负荷;*L*—公用负荷;*PV*—太阳能电池

传统的太阳能光伏系统存在的问题如图 2.17 所示。

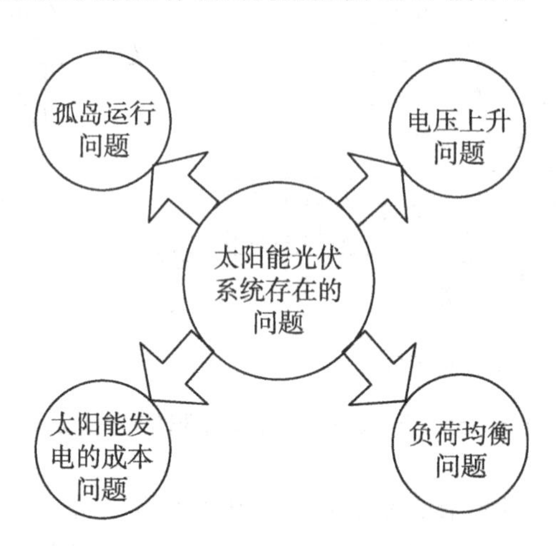

图 2.17　太阳能光伏系统存在的问题

为此,地域并网型太阳能光伏系统出现了。图 2.18 所示的虚线部分为地域并网型太阳能光伏系统的核心部分。各负荷、太阳能发电站以及电能储存系统与地域配电线相连,然后在某处接入电力系统的高压配电线。

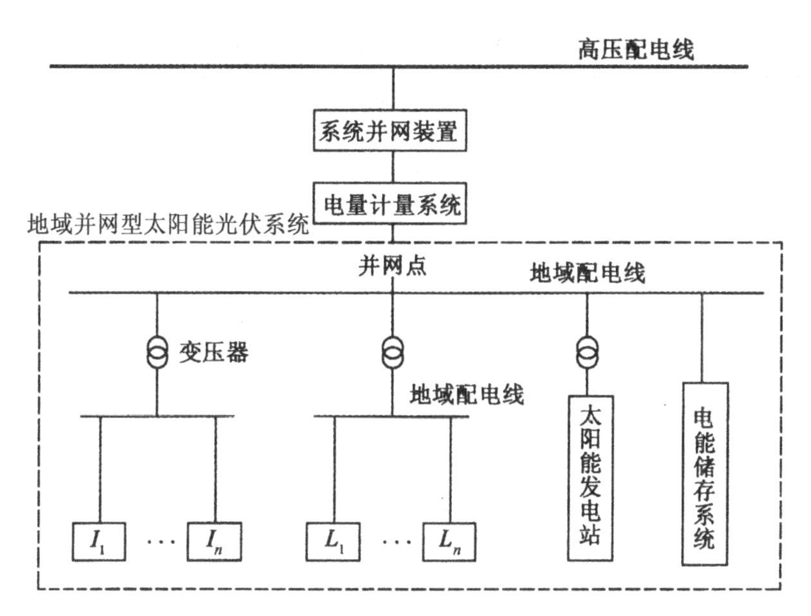

图 2.18 地域并网型太阳能光伏系统

太阳能发电站可以设在某地域的建筑物的壁面，学校、住宅等的屋顶、空地等处。太阳能发电站、电能储存系统以及地域配电线等设备可由独立于电力系统的第三者(公司)建造并经营。

2.3 互补型光伏发电系统

我国是一个太阳能资源丰富的国家，具有发展太阳能的优越条件。风力发电和光伏发电都存在一定的局限性，如果能够很好地对它们加以利用，实现优势互补，必将起到更好的效果。

2.3.1 风-光互补发电系统

从发电的经济角度考虑，采用风一光一体化发电，即按照自然条件和负荷情况配置风和光的发电比例可以达到最佳的经济目标，同时还可以大幅度减小蓄电池组的容量。西部某地区风一光互补系统各月平均日发电量的统计见表 2.1。

表 2.1　风-光互补系统全年各月平均日发电量统计表

月份	1 kW_p 太阳能发电系统 /(kW·h/d)	1 kW 风力发电机组 /(kW·h/d)
1	2.8	5.4
2	3.4	5.5
3	4.3	6.1
4	5.9	6.3
5	5.9	6.0
6	6.0	5.3
7	6.4	4.5
8	5.8	5.1
9	4.8	6.0
10	4.0	5.9
11	3.3	6.8
12	2.6	6.1
年均日发电量	4.6	5.8

设计风-光互补发电系统相对于独立的光伏或风力发电系统在难度上更大一些，这是因为太阳能资源、风力资源、负载情况、光伏阵列容量、风力发电机容量、运行模式和能量管理等复杂的相互关系都是需要考虑的因素。风-光互补系统的设计步骤如图 2.19 所示。

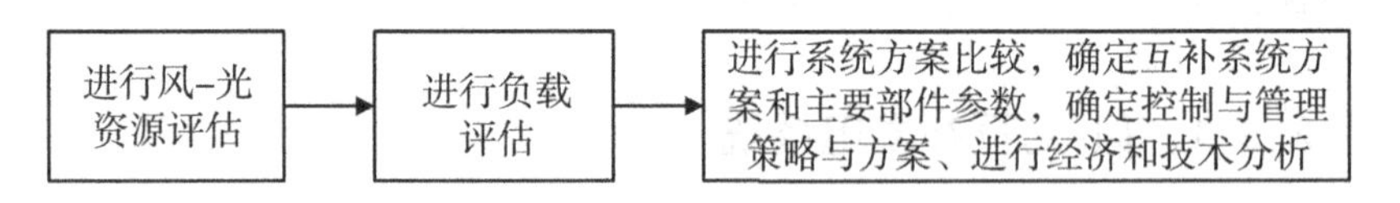

图 2.19　风-光互补系统的设计步骤

一般来说与光伏发电形成互补系统的风力发电机组容量都不是很大，使用较多的组网方式有以下几中。

(1) 交-直-交变频风电机组与太阳能光伏系统互补运行方式。组网方式的原理为风电机组发出交流电力经整流进入直流系统。直流系统包括蓄电池、蓄电池充放电控制器和光伏发电系统。直流电力经逆变变成交流供给负载使用,柴油发电机作为备用能源经整流接入直流系统也可以经旁路直接接入交流负载供电系统(后面会专门讨论风-光-柴互补发电系统)。图 2.20 所示是这种典型的风-光互补联合发电系统组网方式。

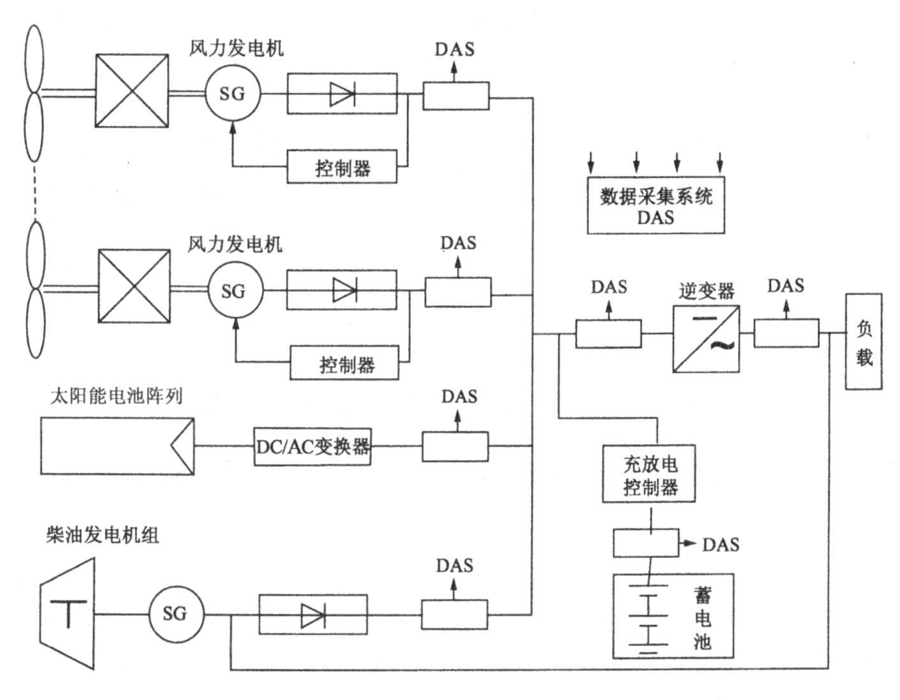

图 2.20　同步发电机构成的风-光互补联合发电系统

(2) 采用感应发电机的恒速风电机组与太阳能光伏系统互补运行方式。组网方式的原理为光伏发电系统和蓄电池经逆变变成交流电力与风力发电系统并网构成一个交流互联系统向负载供电。图 2.21 所示是这种典型的风-光互补联合发电系统组网方式。

随着新能源应用范围的扩展,以光伏发电与风力发电的应用最为突出。这两种发电方式配合使用能够更好地服务于人们的生产与生活。风-光互补发电系统的应用主要包括半导体室外照明、无电农村的生活生产用电、航标灯电源系统、通信基站电源、抽水蓄能电站电源、监控摄像机电源等方面。风-光互补发电系统的应用向全社会生动展示了风能、太阳能新能源的应用意义,对推动我国节能环保事业的发展,促进资源节约型和环境友好型社会的建设,具有巨大的经济、社会和环保效益。

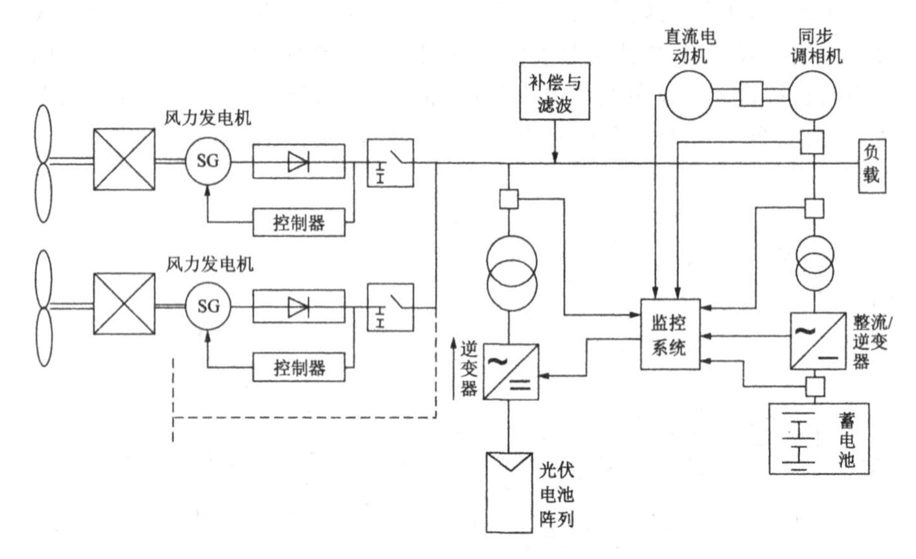

图 2.21　异步发电机构成的风-光互补联合发电系统

2.3.2　风-光-柴互补发电系统

蓄电池储存的能量毕竟有限，为了能保持更好的供电效果，对于比较重要的或供电稳定性要求较高的负载，还需考虑采用备用的柴油发电机组，形成风机、光伏和柴油发电机一体化的供电系统。图 2.22 所示是风-光-柴互补发电系统结构框图。

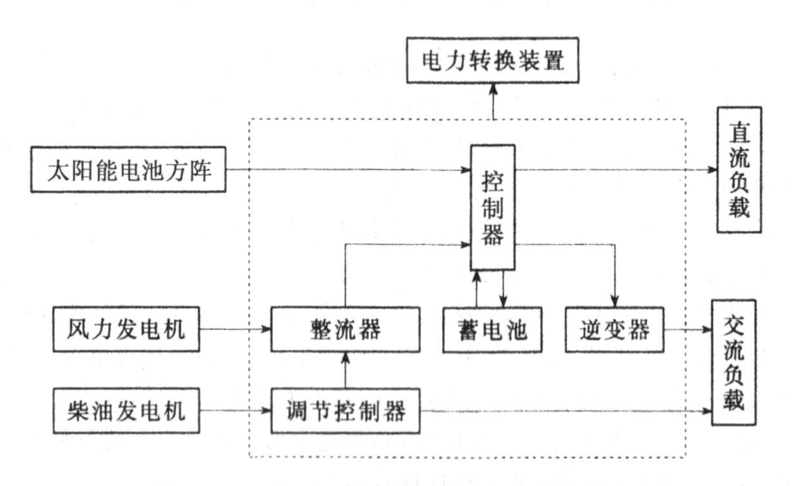

图 2.22　风-光-柴互补发电系统结构框图

柴油发电机平时可设计成备用状态或小功率运行待机状态，当风-光发电不足、蓄电池储能不足时，由柴油发电机组补充发电，缓解发电系统发电功率的不足。作为备用的补充发电的柴油发电机，其设计容量可以相对较小。小型柴油发电机造价相对便宜。另外，还可以使用沼气发电模式代替柴油发电模式。沼气发电可利用农村养殖业产生的粪便，通过无害化处理产生沼气，以此作为燃料供给燃气轮机组或柴油机组发电，代替单纯以柴油为燃料的柴油机组发电。

2.3.3　其他混合系统

2.3.3.1　光、热混合太阳能系统

日常生活中所使用的电能与热能同时利用的太阳光-热混合集热器(collector)就是其中的一例。光、热混合太阳能系统用于住宅负载时可以得到有效的利用，即可以有效利用设置空间、减少使用的建材以及能量回收年数、降低设置成本以及能源成本等。

太阳光-热混合集热器具有太阳能热水器与太阳能电池方阵组合的功能，它具有以下特点：

(1) 太阳能电池的转换效率大约为 17%(如晶硅系电池)，加上集热功能，太阳光-热混合集热器可使综合能量转换效率提高。

(2) 集热用媒质的循环运动可促进太阳能电池方阵的冷却效果，可抑制太阳能电池芯片随温度上升转换效率的下降，提高转换效率和输出功率。

2.3.3.2　太阳能光伏、燃料电池系统

图 2.23 所示为太阳能光伏、燃料电池系统，它由太阳能光伏系统、燃料电池系统构成，燃料电池可使用通过太阳能分解水而得到的氢气。该系统可以综合利用能源，提高能源的综合利用率。目前，燃料电池的综合效率已达 40%以上，将来可作为个人住宅的电源使用。太阳能光伏、燃料电池系统由于使用了燃料电池发电，因此可以节约电费、明显降低二氧化碳的排放量、减少环境污染。

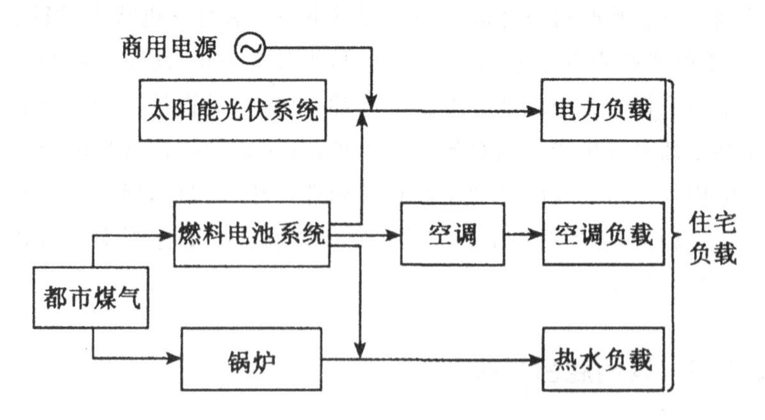

图 2.23　太阳能光伏、燃料电池系统

第 3 章　太阳能电池及其应用

光伏电池是利用半导体光伏效应制成，能够将太阳能转换成电能的转换器件。由若干个这样的器材封装成的光伏电池组件，根据需要组合成一定功率的光伏阵列，并与储能、测量、控制等装置相互配套，构成了光伏发电系统。

3.1　太阳能电池

太阳能电池是将太阳能直接转变为电能的最基本器件。太阳能电池是以光生伏特效应（简称光伏效应）为基础制备的，所谓光生伏特效应，就是当物体受到光照时，物体内的电荷分布状态发生变化而产生电动势和电流的一种效应。

3.1.1　太阳能电池的工作原理

太阳能电池工作时必须具备下述条件如下。

（1）必须有光的照射，可以是单色光、太阳光或模拟太阳光等；

（2）光子注入半导体内后激发出电子一空穴对，这些电子和空穴应该有足够长的寿命，在分离之前不会复合消失；

（3）必须有一个静电场，电子一空穴在静电场的作用下分离，电子集中在一边，空穴集中在另一边；

（4）被分离的电子和空穴由电极收集，输出到太阳电池外，形成电流。

为此，可以把太阳能电池将光能转换成电能的工作过程用图 3.1 来表示。

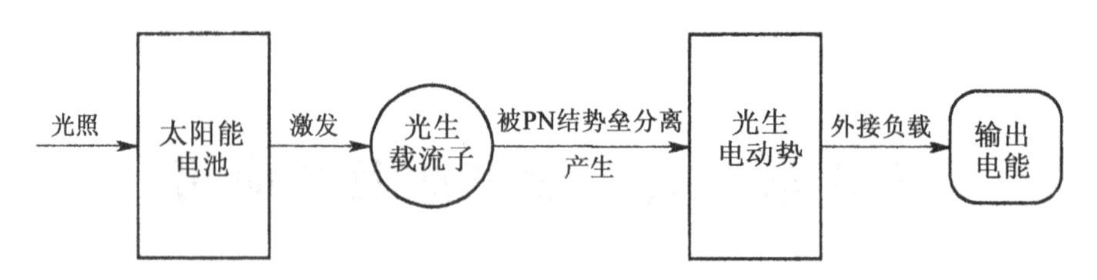

图 3.1 太阳能电池的工作过程

3.1.1.1 PN 结

大多数太阳能电池利用 PN 结势垒区的静电场实现分离电子-空穴对的目的。PN 结是太阳能电池的核心，是太阳能电池赖以工作的基础。它是怎样形成的呢？如图 3.2(a)所示，把一块 N 型半导体和一块 P 型半导体紧密地接触，在交界处 N 区中电子浓度高，要向 P 区扩散(净扩散)，在 N 区一侧就形成一个正电荷的区域；同样，P 区中空穴浓度高，要向 N 区扩散，P 区一侧就形成一个负电荷的区域。这个 N 区和 P 区交界面两侧的正、负电荷薄层区域称为空间电荷区，即通常所说的 PN 结，如图 3.2(b)所示。

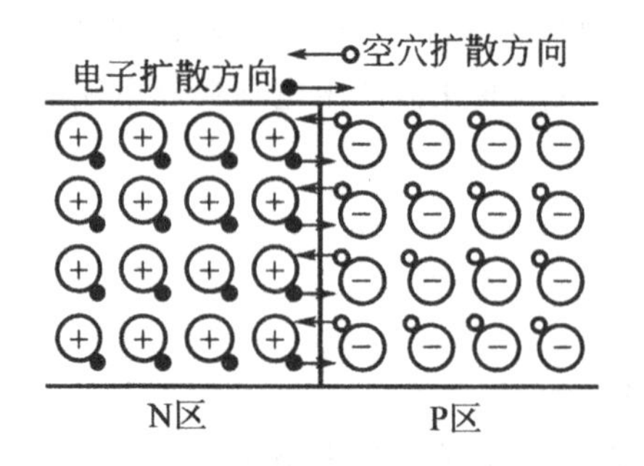

(a) 形成PN结前载流子的扩散过程

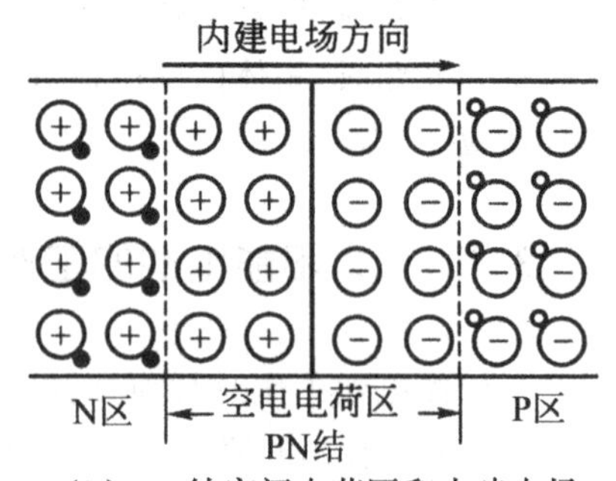

(b) PN结空间电荷区和内建电场

图 3.2 P-N 结

在 PN 结内，有一个从 N 区指向 O 区的电场，是由 PN 结内部电荷产生的，叫作内建电场或自建电场。当 PN 结加上正向偏压(即 P 区接电源的正极，N 区接电源的负极)，如图 3.3(b)所示，此时外加电场的方向与内建电场的方向相反，使空间电荷区中的电场减弱。这样就打破了扩散运动和漂移运动的相对平衡，源源不断地有电子从 N 区扩散到 P 区，有空穴从 P 区扩散到 N 区，使载流子的扩散运动超过漂移运动，由于 N 区电子和 P 区空穴均是多子，通过 PN 结的电流(称为正向电流)很大。当 PN 结加上反向偏压(即 N 区接电源的正极，P 区接电源的负极)，如图 3.3(c)所示，此时外加电场的方向与内建电场的方向相同，增强了空间电荷区中的电场，载流子的漂移运动超过扩散运动。这时 N 区中的空穴一旦到达空间电荷区边界，就要被电场拉向 P 区，P 区的电子一旦到达空间电荷区边界，也要被电场拉向 N 区。它们构成 PN 结的反向电流，方向是由 N 区流向 P 区。由于 N 区中的空穴和 P 区的电子均为少子，故通过 PN 结的反向电流很快饱和，而且很小。由此可见，电流容易从 P 区流向 N 区，不容易从相反的方向通过 PN 结，这就是 PN 结的单向导电性。

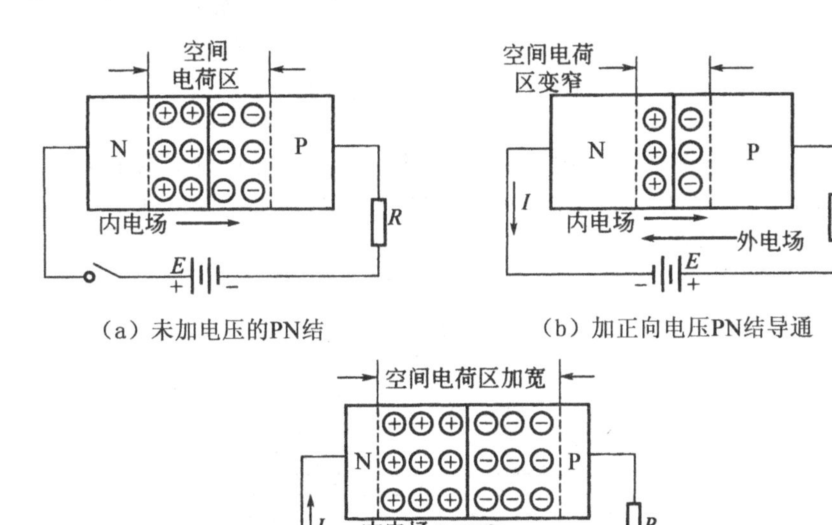

（a）未加电压的PN结

（b）加正向电压PN结导通

（c）加反向电压PN结不导通

图 3.3　PN 结单向导电特性

太阳能电池就是一个大面积的 PN 结。当太阳能电池受到光照时，根据光量子理论，只要照射光的能量

$$E=h\nu=\frac{hc}{\lambda}\geqslant E_g$$

式中：h 为普朗克常数；ν 为照射光频率；c 为光速；E_g 为禁带宽度，Si 材料 $E_g=1.12$ eV。

照射光在 N 区、空间电荷区和 P 区被吸收，将价带电子激发到导带，分别产生电子-空穴对，发生光生伏特效应或称光伏效应。光生电动势的电场方向和平衡 PN 结内建电场的方向相反。光伏效应原理如图 3.4 所示。

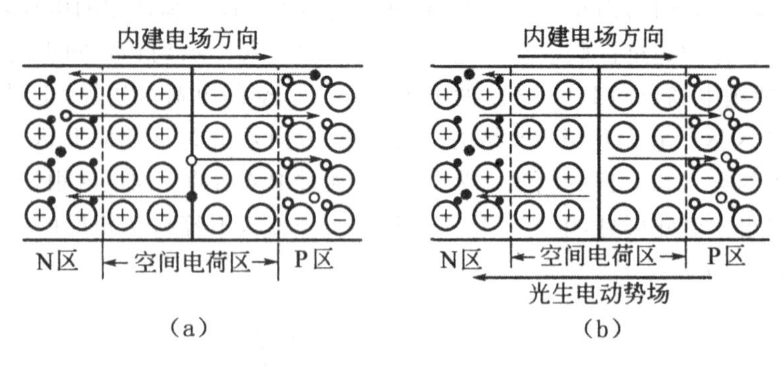

图 3.4　光伏效应原理图

当太阳能电池的两端接上负载，这些被分离的电荷就形成电流。图3.5所示，形象地表示了太阳能电池的发电原理，即太阳能电池是把太阳辐射能转变为电能的器件。

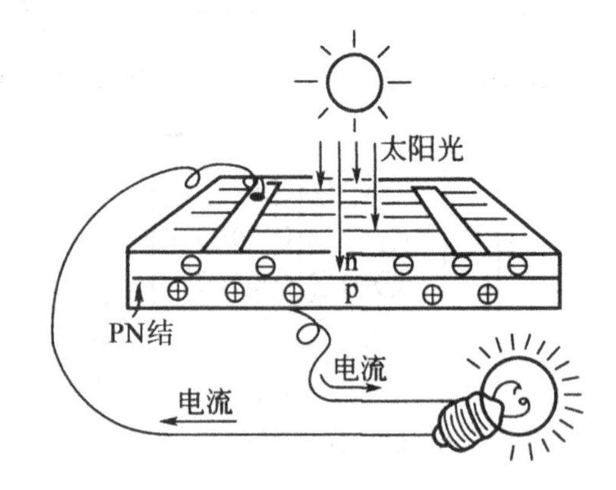

图 3.5　太阳能电池的发电原理

3.1.1.2　太阳能光伏电池的工作状态

太阳能电池一般有以下4种典型的工作状态。

(1) 无外部光照，处于平衡状态。此时，太阳能电池的PN结能带如图3.6(a)所示，有统一的费米能级 E_f，势垒高度为

$$qU_D = E_{fn} - E_{fp}$$

式中：E_{fn}、E_{fp} 分别表示N型和P型半导体的费米能级。

(2) 稳定光照，输出开路。此时太阳能电池的PN结处于非平衡状态，光生载流子积累形成的光电压使PN结正偏，费米能级发生分裂，如图3.6(b)所示。因为电池输出处于开路状态，故费米能级分裂的宽度等于 qU_{oc}，剩余的结势垒高度为 $q(U_D - U_{oc})$。

(3) 稳定光照，输出短路。原来在太阳能电池 PN 结两端积累的光生载流子通过外电路复合，光电压消去，势垒高度为 qU_D，如图 3.6(c)所示。各区中的光生载流子被内建电场分离，源源不断地流进外电路，形成短路电流 I_{sc}。

(4) 稳定光照，外接负载。此时，一部分光电流在负载上建立电压 U，另一部分光电流和 PN 结电压在电压 U 的正向偏压下形成的正向电流相抵消，如图 3.6(d)所示。费米能级分离的宽度正好等于 qU，而这时剩余的结势垒高度为 $q(U_D-U)$。

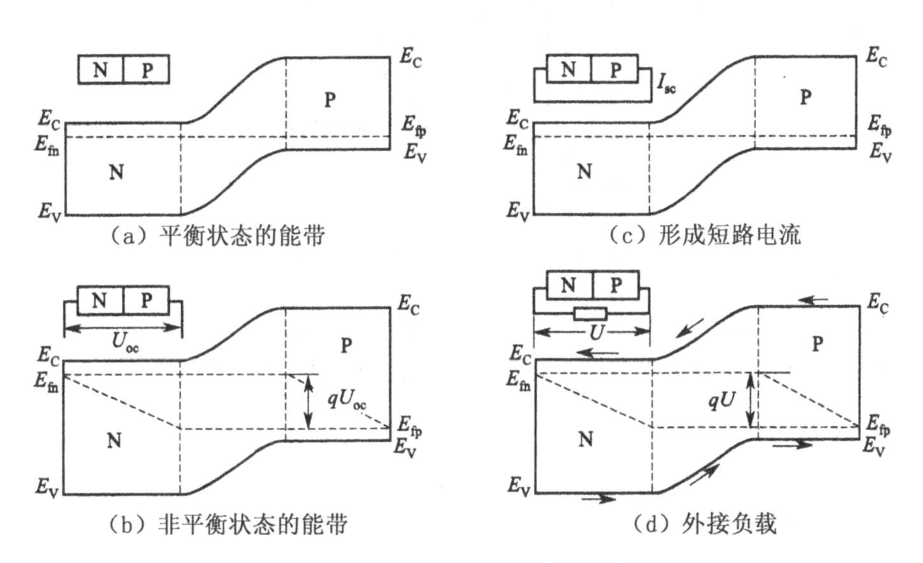

图 3.6 太阳能电池的能带图

3.1.2 太阳能电池的基本特性

3.1.2.1 太阳能电池的输入/输出特性

图 3.7 为太阳能电池的输入/输出特性，也称为太阳能电池的伏安特性(*I-V* 特性)。图中的实线为太阳能电池被光照射时的伏安特性，虚线为太阳能电池未被光照射时的伏安特性。

无光照射时的暗电流(dark current)相当于 PN 接合的扩散电流，其伏安特性可用式(3.1)表示：

$$I=I_0\left[\exp\left(\frac{eV}{nkT}\right)-1\right] \tag{3.1}$$

式中：I_0 为趋饱和电流的作用，是由 PN 结两端的少数载流子和扩散常量决定的常数；V 为光照射时的太阳能电池的端电压；n 为二极管因子；k 为波耳兹曼常数；T 为温度。

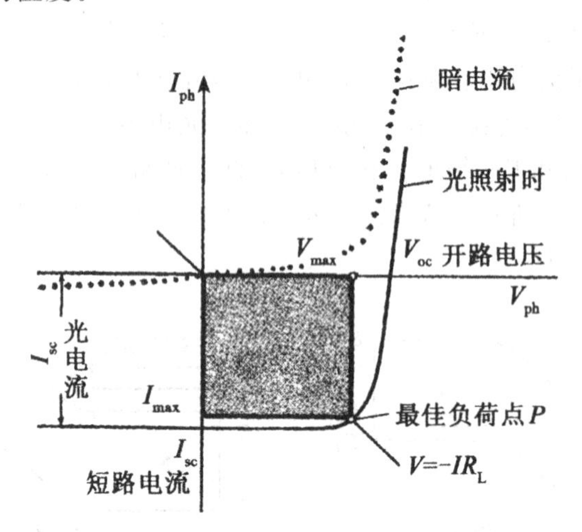

图 3.7　太阳能电池的伏安特性

PN 结被光照射时，所产生的载流子的运动方向与式(3.1)中的电流方向相反，用 J_{sc} 表示。光照射时的太阳能电池电压 V 与光电流密度 I_{ph} 的关系为

$$I_{ph}=I_0\left[\exp(\frac{eV}{nkT})-1\right]-J_{sc} \tag{3.2}$$

式中：J_{sc} 与被照射的光的强度有关，相当于太阳能电池两端短路时的电流，称为短路光电流密度(short circuit current density)。

由式(3.2)可知，当太阳能电池处于开路状态时，将会产生与光电流的大小对应的电压。即开路电压，用 V_{oc} 表示。太阳能电池两端开路时，$I_{ph}=0$，V_{oc} 可用下式表示

$$V_{oc}=\frac{nkT}{e}\ln\left[\frac{J_{sc}}{I_0}+1\right] \tag{3.3}$$

当太阳能电池接上最佳负载电阻时，其最佳负荷点 P 为电压电流特性上的最大电压 V_{max} 与最大电流 I_{max} 的交点，图 3.18 中阴影部分的面积相当于太阳能电池的输出功率 P_{out}，即

$$P_{out}=VI=V\left\{J_{sc}-I_0\left[\exp\left(\frac{eV}{nkT}\right)-1\right]\right\} \tag{3.4}$$

由于最佳负荷点 P 处的输出功率为最大值，因此，由式(3.5)即可得到太阳能电池的最佳工作电压 V_{op} 以及最佳工作电流 I_{op}。

$$\frac{dP_{out}}{dV}=0 \tag{3.5}$$

最佳工作电压

$$V_{op}=\exp\left(\frac{eV_{op}}{nkT}\right)\left(1+\frac{eV_{op}}{nkT}\right)=\frac{J_{sc}}{I_0}+1 \tag{3.6}$$

最佳工作电流

$$I_{op}=\frac{(J_{sc}+I_0)eV_{op}/(nkT)}{1+eV_{op}/(nkT)} \tag{3.7}$$

当光照射在太阳能电池上时，太阳能电池的电压与电流的关系可以简单地用图 3.8 所示的特性来表示。如果用 I 表示电流，用 V 表示电压，也可称为 I-V 曲线或伏安特性。图中 V_{oc} 为开路电压，I_{sc} 为短路电流，V_{op} 为最佳工作电压，I_{op} 为最佳工作电流。

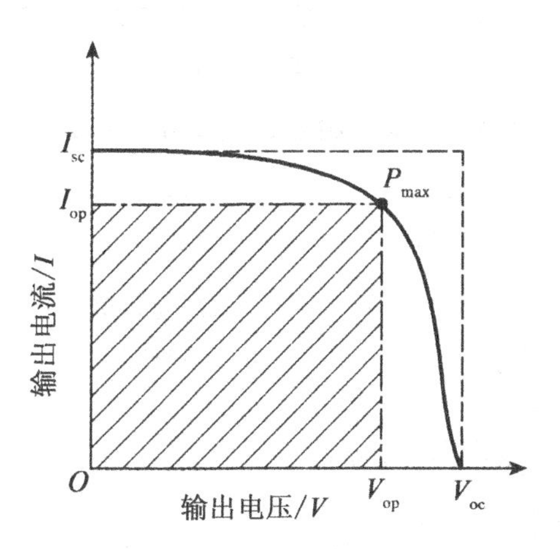

图 3.8　太阳能电池的伏安特性

如前所述，图 3.8 中的最佳工作点对应太阳能电池的最大功率 P_{max}，其最大值由最佳工作电压 V_{op} 与最佳工作电流 I_{op} 的乘积得到。实际上，太阳能电池的动作受负载条件、日照条件的影响，动作点会偏离最佳工作点。

3.1.2.2　太阳能电池的分光感度特性

对于太阳能电池来说，不同的光照所产生的电能是不同的。一般用光的颜色（波长）与所转换电能的关系，即分光感度特性来表示。太阳能电池的分光感度特性如图 3.9 所示。由图 3.9 可见，不同的太阳能电池对于光的感度是不一样的，在使用太阳能电池时特别重要。

图 3.10 所示为荧光灯的放射频谱与 AM1.5 的太阳光频谱，荧光灯的放射频谱与非晶硅太阳能电池的分光感度特性一致。由于非晶硅太阳能电池在荧光灯下具有优良的特性，因此在荧光灯下（室内）使用非晶硅太阳能电池较为合适。

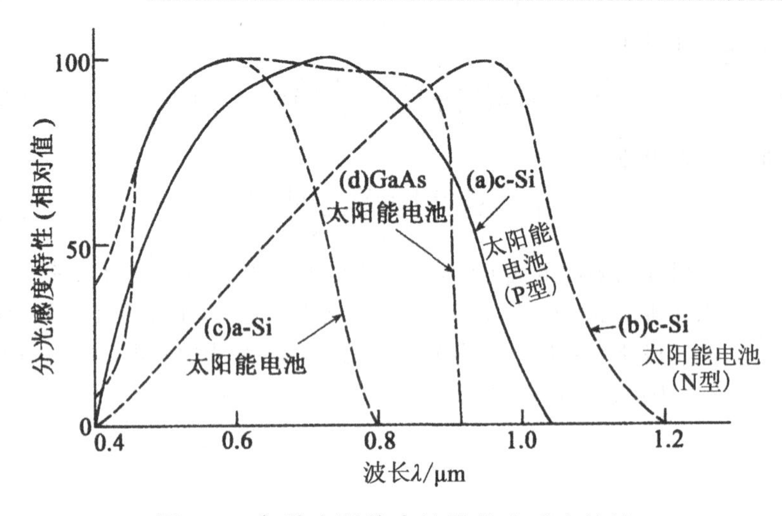

图 3.9　各种太阳能电池的分光感度特性

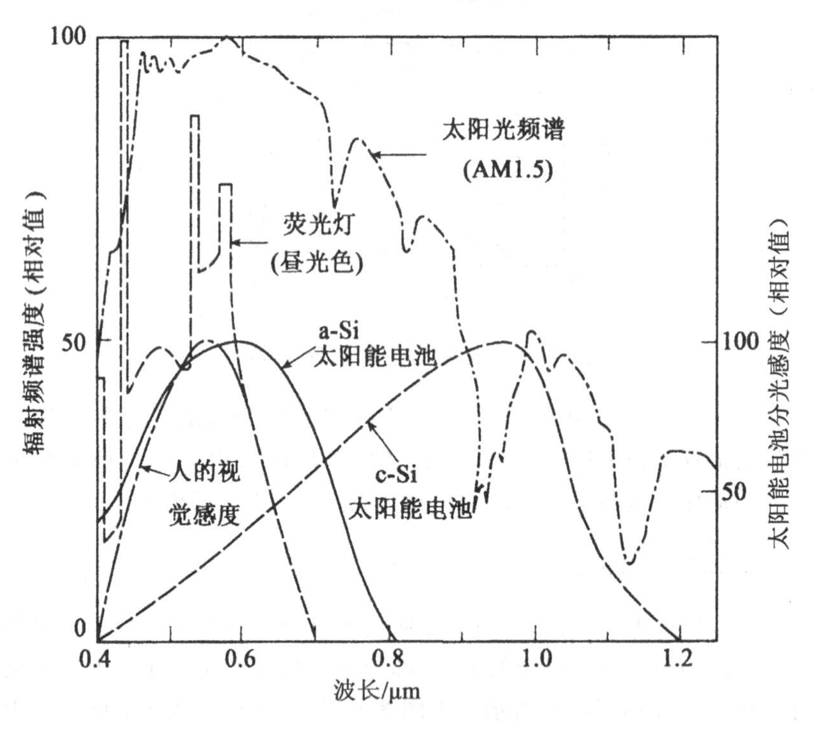

图 3.10　光源的放射频谱与太阳能电池的分光感度

3.1.2.3　太阳能电池的照度特性

太阳能电池的输出功率随照度（光的强度）而变化。图 3.11 为荧光灯的照度时，单晶硅太阳能电池以及非晶硅太阳能电池的伏安特性。

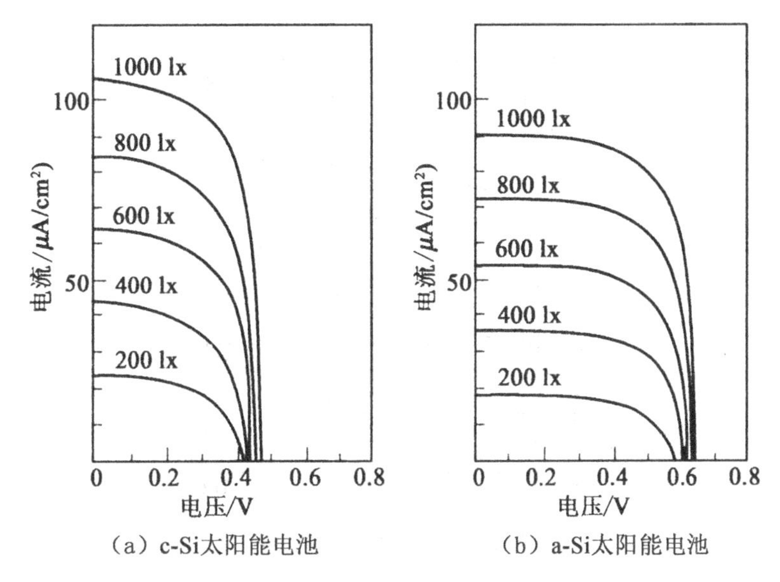

图 3.11 白色荧光灯的不同照度时太阳能电池的伏安特性

荧光灯下 V_{oc}(开路电压)、I_{sc}(短路电流)以及 P_{max}(最大功率)的照度特性如图 3.12 所示。由图可知:

(1) 短路电流 I_{sc}与照度成正比;

(2) 开路电压 V_{oc}随照度的增加而缓慢地增加;

(3) 最大功率 P_{max}几乎与照度成比例增加。

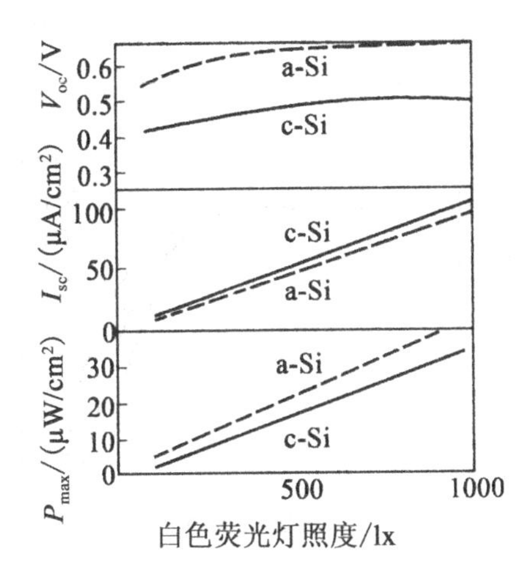

图 3.12 荧光灯下的照度特性

另外,填充因子 FF 几乎不受照度的影响,基本保持一定。太阳光下的照度特性如图 3.13 所示。可见,由于光的强度不同,太阳能电池的出力也不同。

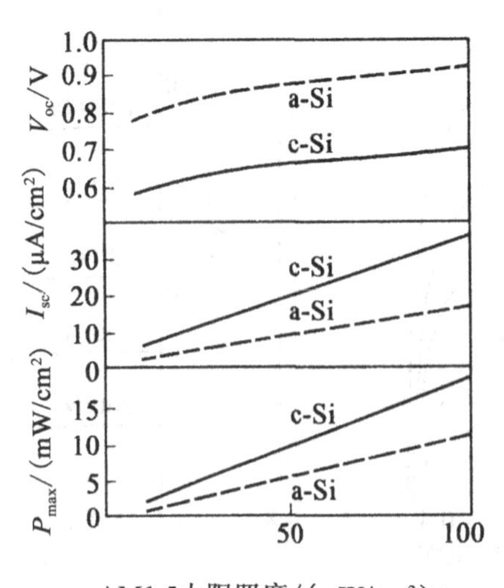

图 3.13　太阳光下的照度特性

3.1.2.4　太阳能电池的温度特性

太阳能电池的输出功率随温度的变化而变化。如图 3.14 所示，太阳能电池的特性是随温度的上升短路电流 I_{sc} 增加，温度再上长时，开路电压 V_{oc} 减少，输出功率变小。由于温度上升导致太阳能电池的输出功率下降，因此，有时需要用通风的方法来降低太阳能电池的温度以便提高太阳能电池的转换效率，使输出功率增加。

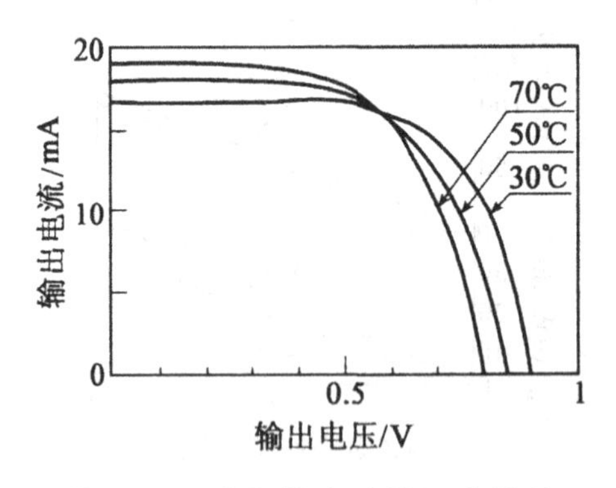

图 3.14　太阳能电池的温度特性

太阳能电池的温度特性一般用温度系数表示。温度系数小说明即使温度较高，但输出功率的变化较小。

3.1.3　太阳能电池的分类

太阳能电池根据其使用的材料可分成硅半导体太阳能电池、化合物半导体太阳能电池以及有机半导体太阳能电池等种类，如图 3.15 所示。

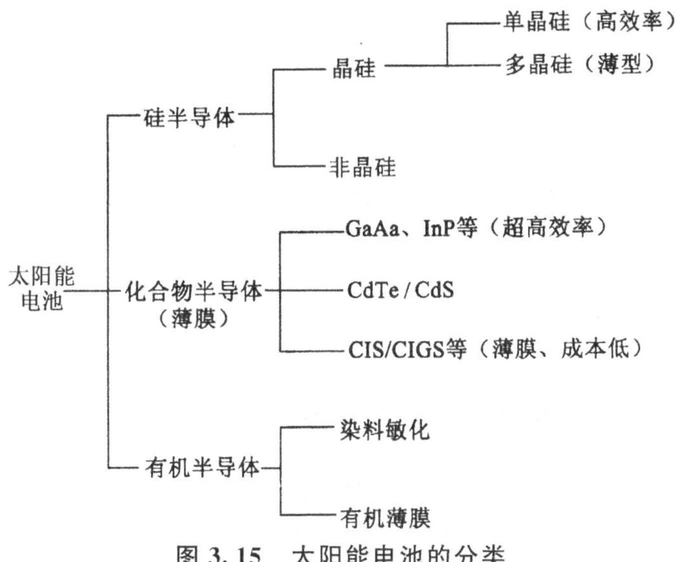

图 3.15　太阳能电池的分类

硅半导体太阳能电池可分成晶硅系太阳能电池和非晶硅系太阳能电池。而晶硅系太阳能电池又可分成单晶硅太阳能电池和多晶硅太阳能电池。

化合物半导体太阳能电池可分为Ⅲ-Ⅴ族化合物(GaAs)太阳能电池、Ⅱ-Ⅵ族化合物(CdS/CdTe)太阳能电池以及三元(Ⅰ-Ⅲ-Ⅳ族)化合物($CuInSe_2$:CIS)太阳能电池等。

有机半导体太阳能电池可分成染料敏化太阳能电池以及有机薄膜(固体)太阳能电池等。

如果根据太阳能电池的形式、用途等还可分成民生用、电力用、透明电池、半透明电池、柔软性电池、混合型电池(HIT 电池)、积层电池、球状电池以及量子点电池等。

3.2　太阳能电池组件

太阳能电池芯片(solar cell)是太阳能电池的最小单元，实际使用时需要将大量的电池芯片连接起来，这样极为不便。另外，考虑环境因素的影响还要注意加以保护。为了解决太阳能电池芯片在使用中的问题，一般将几十枚太阳能电池芯片串、并联连接，然后封装在耐气候的箱中，称之为太阳能电池组件(solar module)。太阳能电池组件的构造方法多种多样，一般要考虑以下问题：

(1) 为防止太阳能电池的通电部分被腐蚀，保证其稳定性和可靠性，必须使太阳能电池具有较好的耐气候特性。

(2) 为防止由于漏电引起事故，必须消除其对外围设备以及人体的不良影响。

(3) 防止由于强风、冰雹等气象因素对组件造成的损伤。

(4) 除应避免太阳能电池在搬运、安装过程中的损伤之外，还必须使电气配线比较容易。

(5) 使太阳能电池更加美观。

(6) 增加保护功能，防止组件的损伤、破损等引起的系统电气故障。

3.2.1 太阳能电池组件的结构

前面所述的太阳能电池，在太阳能电池的结构术语中，称它为太阳能电池单体或太阳能电池片。太阳能电池单体一般不能单独作为电源使用，通常要通过串、并联连接封装成太阳能电池组件，也称作光伏组件。太阳能电池组件可按照太阳能电池材料、封装类型、透光度以及与建筑物结合的方式来分类，如图 3.16 所示。

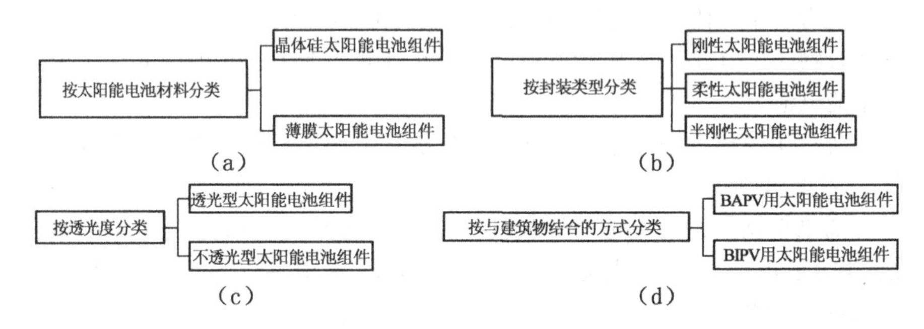

图 3.16 太阳能电池组件的分类

常规的太阳能电池组件的结构形式有下列几种。

(1)玻璃壳体式太阳能电池组件。玻璃壳体式太阳能电池组件的结构示意图如图 3.17 所示。目前还出现了较新的双面钢化玻璃封装太阳能电池组件。

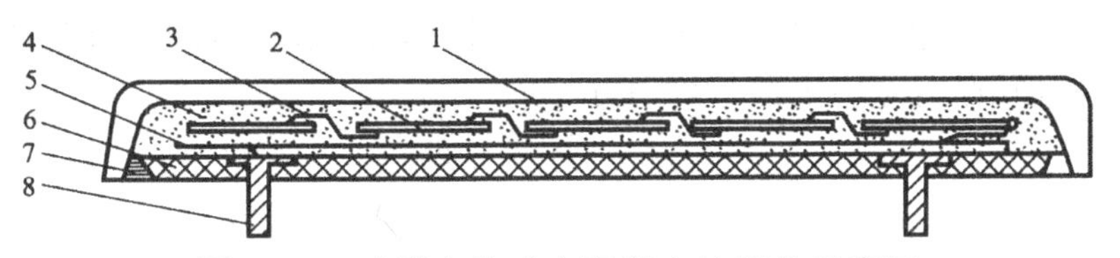

图3.17 玻璃壳体式太阳能电池组件示意图

1—玻璃壳体;2—硅太阳能电池;3—互连条;4—黏结剂;
5—衬底;6—下底板;7—边框线;8—电极接线柱

(2)底盒式太阳能电池组件。底盒式太阳能电池组件的结构示意图如图3.18所示。

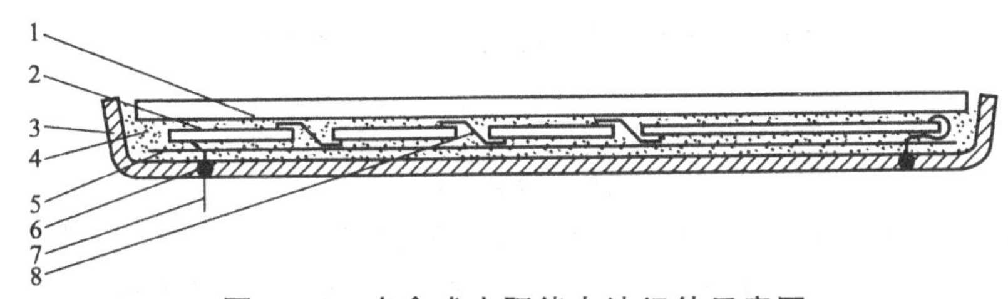

图3.18 底盒式太阳能电池组件示意图

1—玻璃盖板;2—硅太阳能电池;3—盒式下底板;4—黏结剂;
5—衬底;6—固体绝缘胶;7—电极引线;8—互连条

(3)平板式太阳能电池组件。平板式太阳能电池组件的结构示意图如图3.19所示。

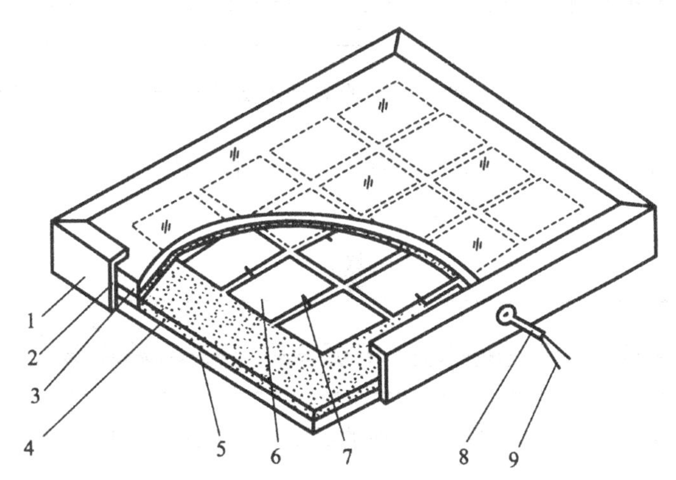

图3.19 平板式太阳能电池组件示意图

1—边框;2—边框封装胶;3—上玻璃盖板;4—黏结剂;5—下底板;
6—硅太阳能电池;7—互连条;8—引线护套;9—电极引线

(4)无盖板的全胶密封太阳能电池组件。无盖板的全胶密封太阳能电池组件的结构示意图如图 3.20 所示。

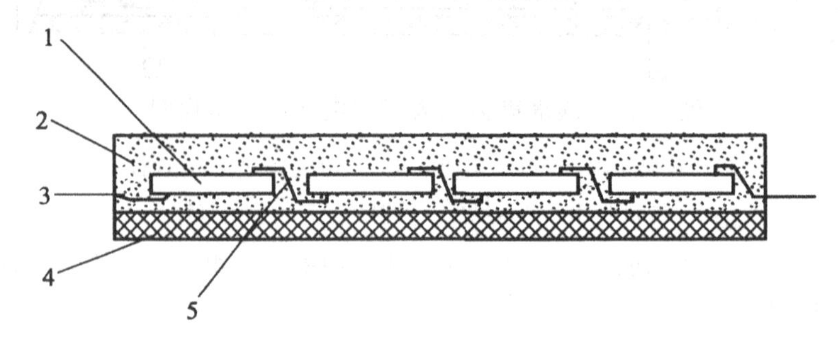

图 3.20　无盖板的全胶密封太阳能电池组件示意图

1—硅太阳能电池;2—黏结剂;3—电极引线;4—下底板;5—互连条

薄膜光伏电池同晶体硅电池的封装不同,衬底的类型不同,封装的方式不同,半导体材料与衬底的相对位置不同将影响组件的结构。对于使用非钢化玻璃衬底的前壁型 CdTe 电池和大部分非晶硅电池,玻璃衬底可以作为上盖板保护电池,背面可以使用任何类型的玻璃,如果有要求,可以使用钢化安全玻璃,如图 3.21 所示。

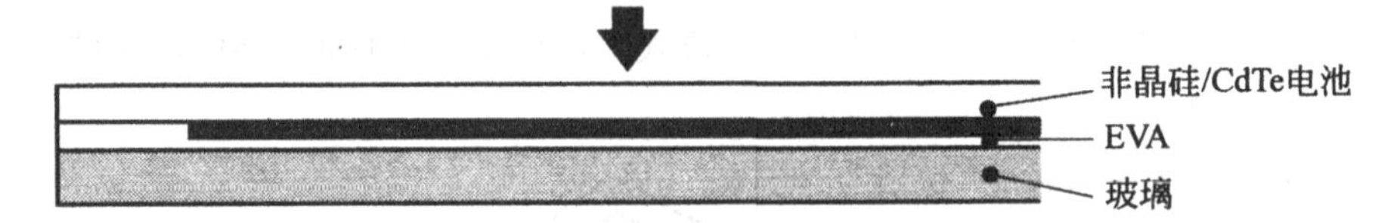

图 3.21　非钢化玻璃衬底的前壁型太阳能电池封装结构

对于使用非钢化衬底的后壁型 CIS 电池和一部分非晶硅电池,需要在上面加上盖板,保护电池,如图 3.22 所示。

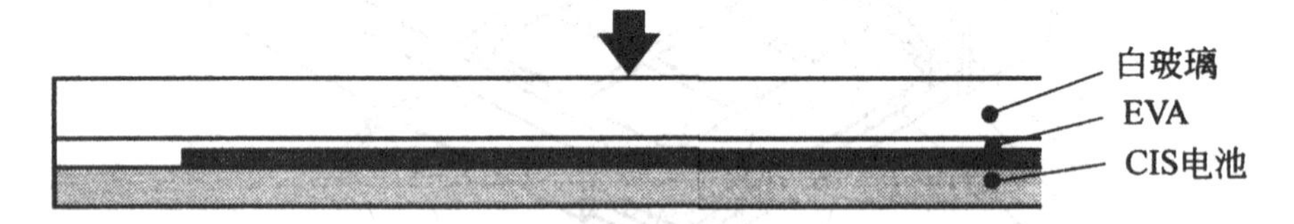

图 3.22　非钢化玻璃衬底的后壁型太阳能电池封装结构

除了上面两种结构之外,如果使用其他类型的衬底,还可使用另外一种封装方式。这种封装方式有 3 层,对于前壁型和后壁型的薄膜光伏电池都适用,如图 3.23 所示。

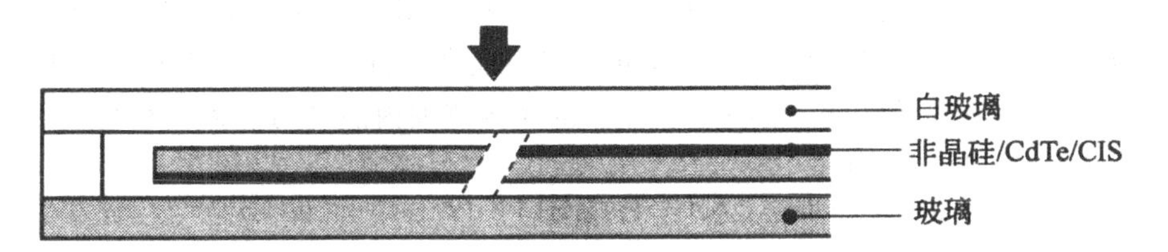

图 3.23 其他类型衬底的太阳能电池封装结构

平板式太阳能电池组件的制造步骤如图 3.24 所示。

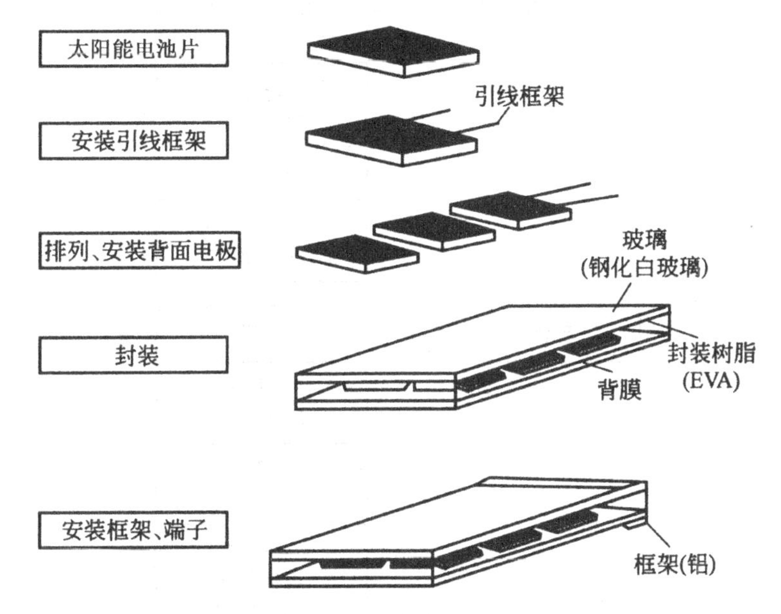

图 3.24 平板式太阳能电池组件的制造步骤

3.2.2 太阳能电池组件的封装

封装是太阳能电池组件生产中的关键步骤，封装质量的好坏决定了太阳能电池组件的使用寿命。封装材料对太阳能电池起重要的作用，例如玻璃、EVA、玻璃纤维和 TPT 对封装后的组件输出功率也会有影响。

太阳能电池所用的封装玻璃目前的主流产品为低铁钢化压花玻璃，在太阳能电池光谱响应的波长范围内(320～1100 nm)，对于大于 1200 nm 的红外线有较高的反射率。为了减少光的反射，可以对玻璃表面进行一些减反射工艺处理，如在玻璃表面涂一层薄膜层，减少玻璃的反射率。

底板一般为钢化玻璃、铝合金、有机玻璃、TPT 等。TPT 用来防止水汽进入太阳能电池组件内部，并对阳光起反射作用，因其具有较高的红外反射率，可以降低组件的工作温度，也有利于提高组件的效率。TPT 膜厚为 0.12 mm，其反射率在 400～1100 nm 的光谱范围内的平均值为 0.648。目前应用较多的是 TPT 复合膜。

太阳能电池组件封装工艺流程如图 3.25 所示。

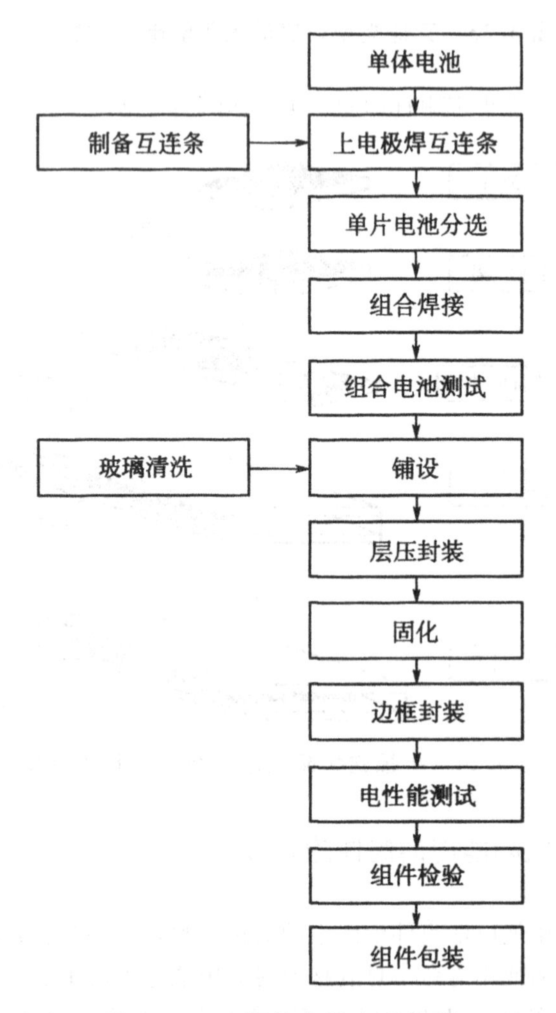

图 3.25　太阳能电池工艺流程

随着非晶硅太阳能电池的发展，也在研究采用同晶体硅太阳能电池一样的超光面封装方式，把集成型太阳能电池衬底玻璃直接用作受光面的保护板，各单元电池的连接也不用导线，所以能使组件的组装工艺变得特别简单。

3.2.3　太阳能电池组件的特性

光伏组件的工作特性可以用工作曲线来表达，比如电流-电压曲线等。光伏组件的工作特性曲线必须要在规定的表征测试条件下进行测试，包括电池温度为 25℃，太阳辐射强度为 100 mW/cm^2，大气质量为 AM1.5 时的光谱分布等。DC01-175 型单晶硅光伏组件的技术参数见表 3.1，其不同辐照度和不同温度下的 *I-U* 特性曲线分别如图 3.26、图 3.27 所示。

表 3.1　DC01-175 型单晶硅光伏组件的技术参数

项　　目	参　　数
产品尺寸/mm	1581×809×40
质量/kg	15.6
电池片转换效率/%	16.4
组件转换效率/%	13.7
最大输出功率 P_m/W	175
功率误差/W	±3
最佳工作电压 U_m/V	36.2
最佳工作电流 I_m/A	4.85
开路电压 U_{oc}/V	43.9
电池片数量种类和排列方式	72 片单晶硅电池片(6×12)
电池片尺寸/mm	125×125
旁路二极管数量/个	3
最大串联保险丝/A	9
最大输出功率温度系数/(%/℃)	−0.45
短路电流温度系数/(%/℃)	0.05
开路电压温度系数/(%/℃)	−0.35
额定电池工作温度/℃	25±2

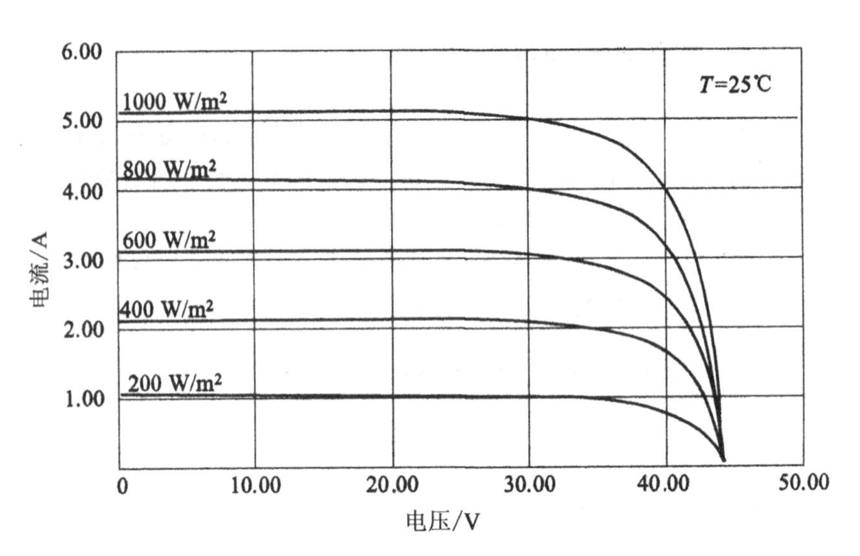

图 3.26 DC01-175 型光伏组件同辐照度下的 *I-U* 特性曲线

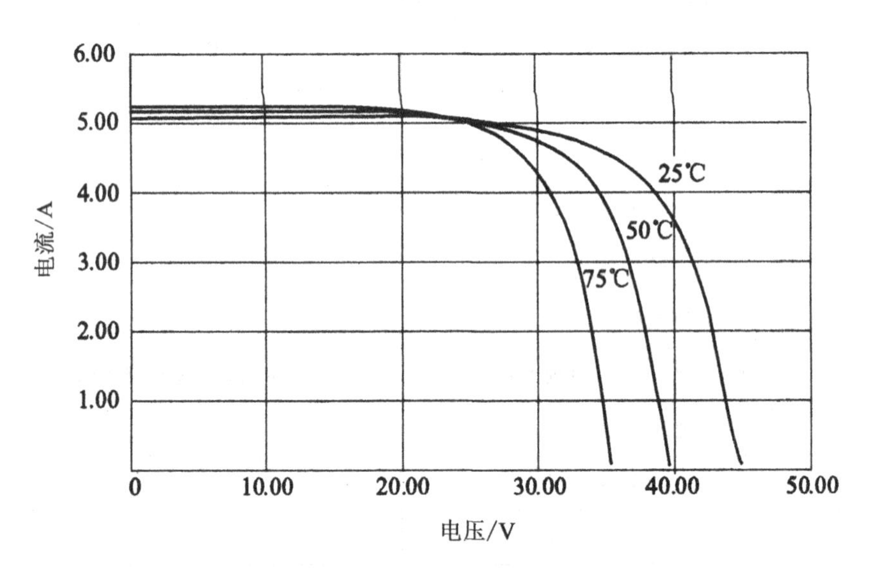

图 3.27 DC01-175 型光伏组件不同温度下的 *I-U* 特性曲线，辐照度 AM1.5，100 mW/cm²

有些生产厂家在提供电池组件相关参数的同时，也会提供组件的功率曲线以及组件的温度效应曲线。图 3.28 所示为某型光伏组件的功率特性曲线。

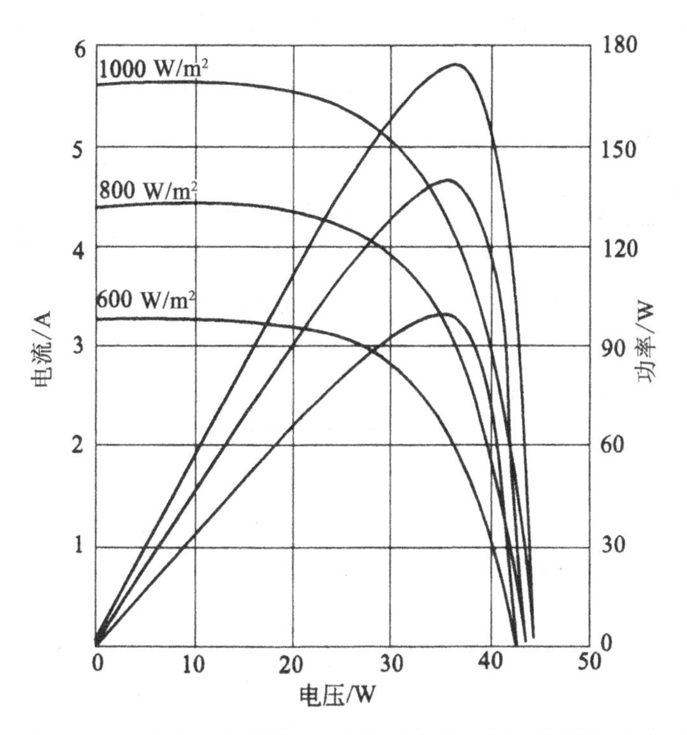

图 3.28　某型光伏组件的功率特性曲线(电池片温度 25℃)

3.3　晶体硅电池组件的制造方法与工作原理

3.3.1　晶硅太阳能电池的制造方法

晶硅太阳能电池分为单晶硅太阳能电池和多晶硅太阳能电池。

(1)单晶硅太阳能电池的制造方法。单晶硅太阳能电池是太阳能电池中转换效率最高、技术最为成熟的太阳能电池。多晶硅太阳能电池一般采用专门为太阳能电池使用而生产的多晶硅材料。

单晶硅太阳能电池的制造方法如图 3.29 所示,其制造流程如图 3.30 所示。先将高纯度的硅加热至 1500℃,生成大型结晶(原子按一定规则排列的物质),即单晶硅;然后将其切成厚 300～500 μm 的薄片,利用气体扩散法或固体扩散法添加不纯物并形成 PN 结;最后形成电极。为了提高转换效率,可将电池做成规则的凹凸结构,达到封光的目的,还可以加上防止光线反射的反射防止膜,以及在背面加上抑制电子再接合的特殊层等。

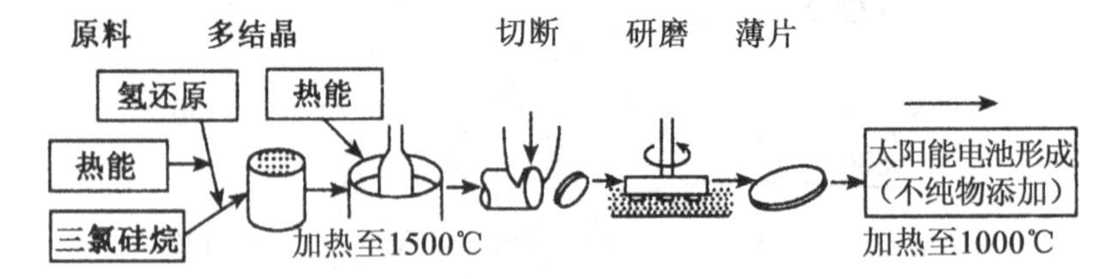

图 3.29　单晶硅太阳能电池的制造方法

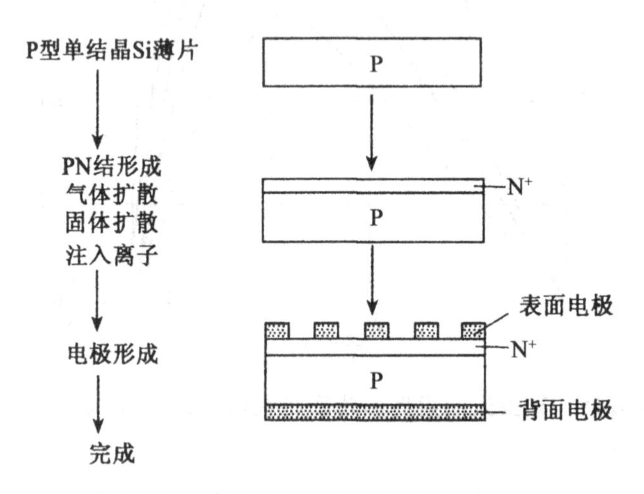

图 3.30　单晶硅太阳能电池的制造流程

这种制造方法的工艺比较复杂,由于制造温度较高,因此会使用大量的电能,导致成本较高,研发自动化、连续化的制造方法以降低成本是非常重要的。

(2)多晶硅太阳能电池的制造方法。目前,随着太阳能电池产量的爆炸式发展,正在形成专门以多晶硅太阳能电池作为目标的生产产业。

为了解决单晶硅太阳能电池制造工艺复杂、制造能耗较大的问题,人们研发了多晶硅太阳能电池的制造方法。多晶硅是一种将众多的单晶硅的粒子集合而成的物质。多晶硅太阳能电池的制造方法有两种,如图 3.31 所示。

a. 将被熔解的硅块放入坩埚中慢慢地冷却使其固化,然后将其切成厚 300~500 μm 的薄片,添加不纯物并形成 PN 结、电极以及加反射防止膜。

b. 从硅溶液直接得到薄片状多晶硅。这种方法可以直接做成薄片状多晶硅,有效利用硅原料,使太阳能电池的制造变得简单。

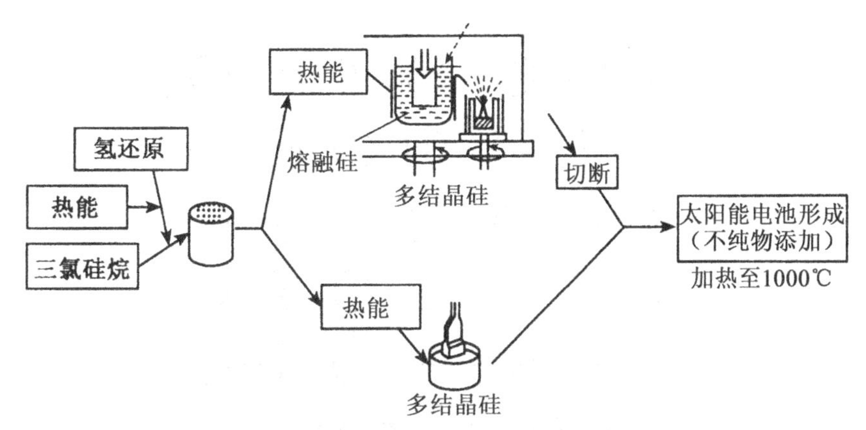

图 3.31　多晶硅太阳能电池的制造方法

3.3.2　晶体硅太阳能电池的工作原理

硅原子有 14 个电子，分布在 3 个电子层上，里面的 2 个电子层均已填满，只有最外层缺少 4 个电子为半满，如图 3.32 所示。为了达到满电子层稳定结构，每个硅原子只能和它相邻的 4 个原子结合形成共用电子对，从平面看起来就像所有的原子都是手挽手，交错勾结形成它特有的晶体结构，把每个电子都固定在特定的位置上，不能像铜等良导体中的自由电子那样自由移动，因此，也就决定硅不是电的良导体。实际用于太阳能电池的硅是经过特殊处理的，也就是采取了掺杂工艺。

硅半导体主要结构如图 3.33 所示。

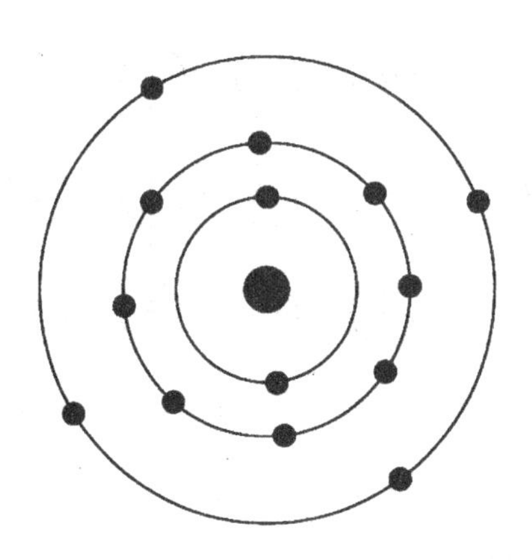

图 3.32　硅原子电子分布图

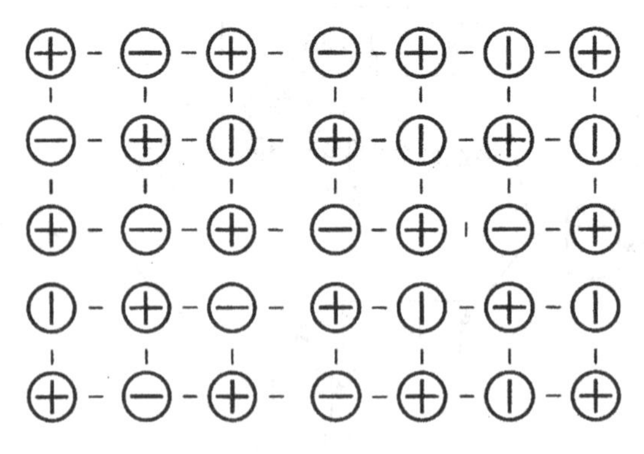

图 3.33　硅半导体主要结构

在图 3.33 中，正电荷表示硅原子，负电荷表示围绕在硅原子旁边的 4 个电子。因为掺入硼原子周围只有 3 个电子，在和硅原子形成共价键的同时便会形成 1 个空穴状态，只要很小的 1 个能量便会从附近原子接受 1 个电子，把空状态转移到附近的共价键里，这就是空穴，带有 1 个正电荷和自由电子做同样的无规运动，所以就会产生如图 3.34 所示的空穴，这个空穴因为没有电子而变得很不稳定，容易吸收电子而中和，形成 P 型半导体。

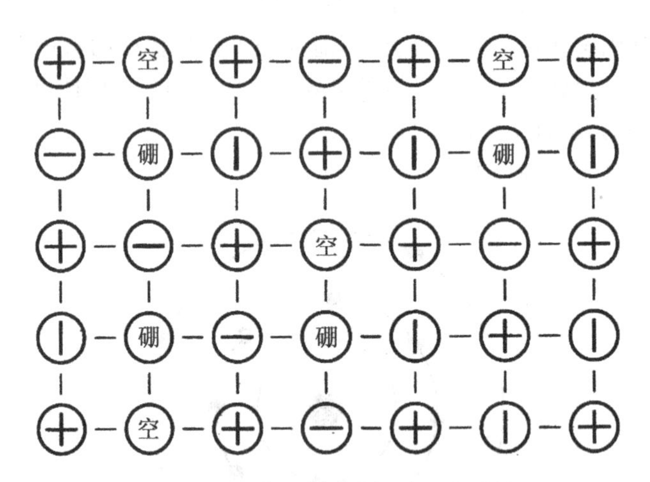

图 3.34　硅晶体中掺入硼的结构

当在硅中掺入比其多 1 个价电子的元素（例如磷），最外层中的 5 个电子只能有 4 个和相邻的硅原子形成共用电子对，剩下 1 个电子不能形成共价键，但仍受杂质中心的约束，只是比共价键的约束弱得多，只要很小的能量便会摆脱束缚，所以就会有 1 个电子变得非常活跃，此时的半导体称为 N 型半导体，如图 3.35 所示。

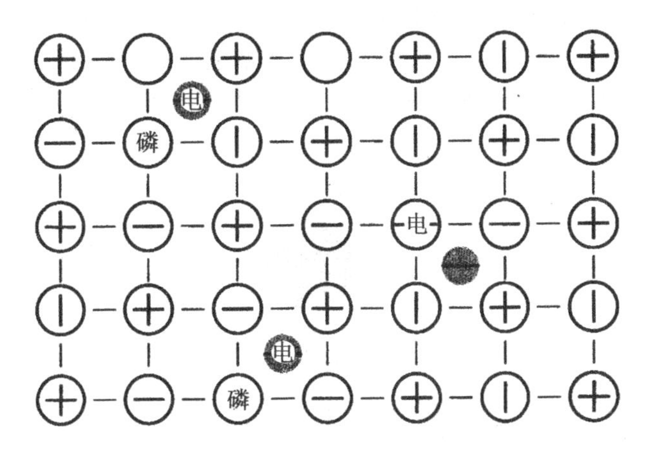

图3.35 硅晶体中掺入磷的结构

当硅掺杂形成的P型和N型半导体结合在一起时，在两种半导体的交界面区域里会形成一个特殊的薄层，界面的P型一侧带负电，N型一侧带正电。这是由于P型半导体多空穴，N型半导体多自由电子，出现了浓度差。N区的电子会扩散到P区，P区的空穴会扩散到N区，一旦扩散就形成了一个由N指向P的“内电场”，从而阻止扩散进行。达到平衡后，就形成了这样一个特殊的薄层，这就是PN结，如图3.36所示。

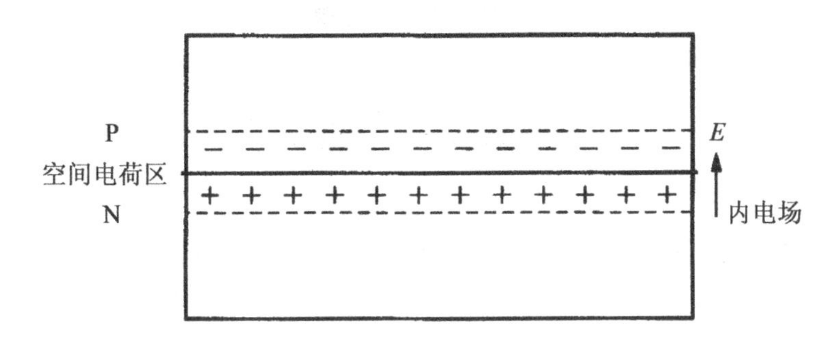

图3.36 PN结结构示意图

当掺杂的硅晶片受光后，在PN结中，N型半导体的空穴往P型区移动，而P型区中的电子往N型区移动，从而形成从N型区到P型区的电流。然后在PN结中形成电动势差，这就形成了电源，如图3.37所示。

由于硅表面非常光亮，会反射掉大量的太阳光，不能被太阳能电池利用。为此，在太阳能电池表面涂上一层反射系数非常小的保护膜，将反射损失减小到5%，甚至更小。一个太阳能电池所能提供的电流和电压毕竟有限，于是将很多太阳能电池(通常是36个)并联或串联起来使用，形成太阳能光电池组件，就能产生一定的电压和电流，输出一定的功率。制造太阳能电池的半导体材料目前有十几种，因此太阳能电池的种类也很多。目前，技术最成熟，并具有商业价值的太阳能电池是硅太阳能电池。

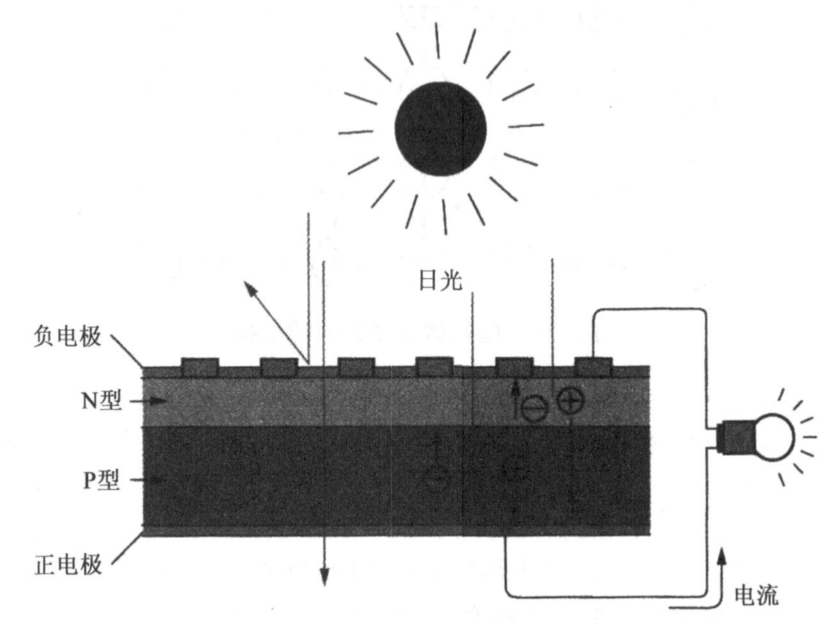

图 3.37　PN 结形成电源示意图

3.4　太阳能电池方阵

在实际使用中，往往一块组件并不能满足使用现场的要求，可将若干组件按一定方式组装在固定的机械结构上，形成光伏发电系统，这种系统称为太阳能电池方阵，也称光伏阵列。有些较大的方阵还可以分为一些子方阵（或称为组合板）。

太阳能电池方阵的连接方式有很多种，如图 3.38 所示，它们各具特点，用途不同。当每个单体电池组件性能一致时，多个电池组件的并联连接可在不改变输出电压的情况下使方阵的输出电流成比例地增加；串联连接时，则可在不改变输出电流的情况下使方阵输出电压成比例地增加；组件串、并联混合连接时，既可增加方阵的输出电压，又可增加方阵的输出电流。

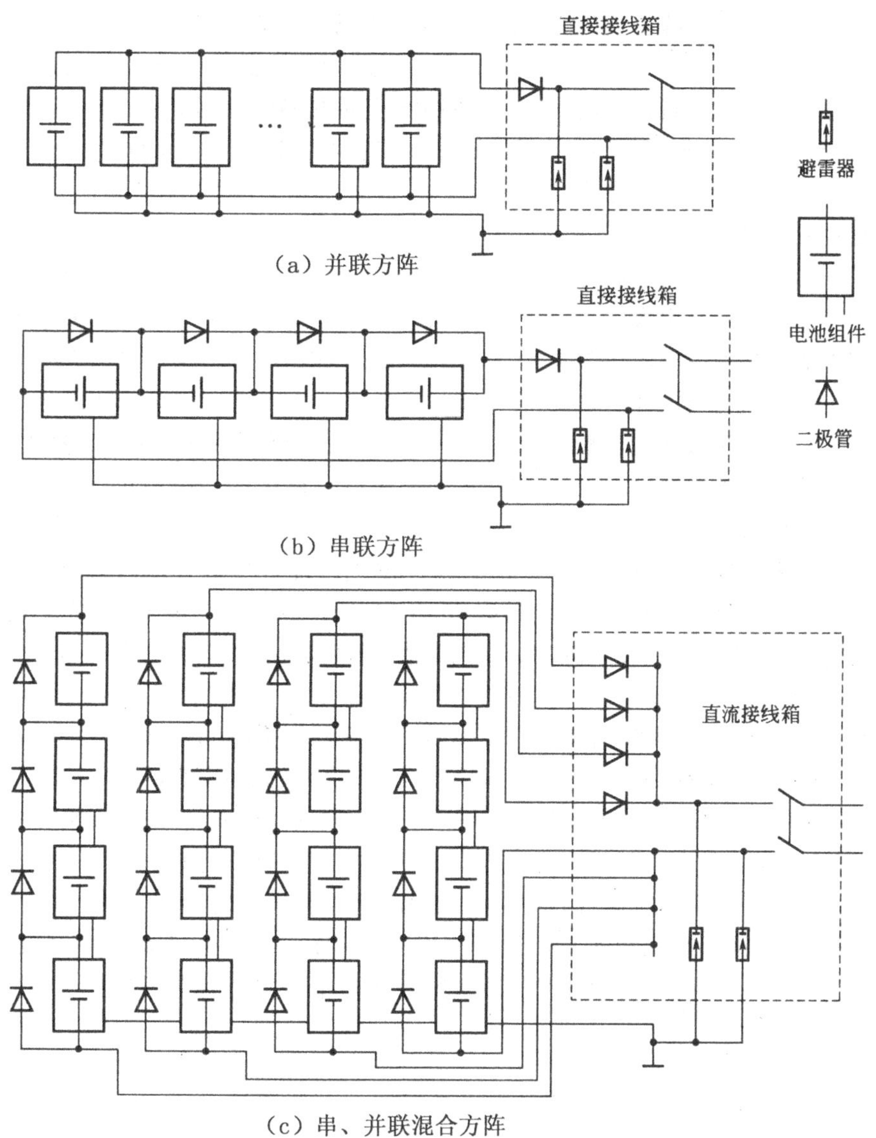

图 3.38　太阳能电池方阵基本电路示意图

方阵组合连接要遵循下列几条原则：

(1) 串联时需要工作电流相同的组件，并为每个组件并接旁路二极管。

(2) 并联时需要工作电压相同的组件，并在每一条并联支路中串联防反充(防逆流)二极管。

(3) 尽量考虑组件连接线路最短，并用较粗的导线。

(4) 严格防止个别性能变坏的电池组件混入电池方阵。

地面上的方阵多数是将太阳能电池组件先装在敞开式框架上，然后装到支撑结构和桁架上。支撑结构用地脚膨胀螺栓、水泥块等固定在地面上，也可以固定在建筑物上面。应注意固定组件的机械结构必须要有足够的强度和刚度，固定牢靠，能够经受最大风力。组件之间、阵列和控制器之间、系统和负载之间的连接导线要满足要求，尽量粗而短，连接点要接触牢靠，以尽量减少线路损失。

由于地球自转平面与其公转平面存在夹角，太阳在一年四季中对地球的光辐射角变化很大，需要每个季节都要调整光伏电池板的倾角。如果不按季节调整光伏电池板倾角，大体来说，在我国南方地区，比较好的方阵倾角一般可取比当地纬度增加10°～15°，在北方地区倾角可比当地纬度增加5°～10°。纬度较大时，增加的角度可小些。而在青藏高原，倾角不宜过大，可大致等于当地纬度。当然，对于一些主要在夏天消耗功率的用电负载，可取方阵倾角等于当地纬度。

如果采用计算机辅助设计软件，则可进行太阳能电池方阵倾角的优化计算，要求在最佳倾角时冬天和夏天辐射量的差异尽可能小，而全年总辐射量尽可能大，二者应当兼顾。这对于高纬度地区尤为重要，因为在高纬度地区，其冬季和夏季水平面太阳辐射量差异非常大（如我国黑龙江省这两个值相差约5倍），选择了最佳倾角，太阳能电池方阵面上的冬夏季辐射量之差就会变小，蓄电池的容量也可以减少，系统造价降低，设计更为合理。

需要注意的是，从气象局获得的当地平均太阳能总辐射量是水平面接收的辐射量，具体工程设计时还要折算为带有倾角的光伏电池板平面所能接收的太阳能辐射。而每月的平均太阳能总辐射是变化的，如果每月负荷也是变化的，那么光伏阵列倾角和容量就要逐月核查。在保证最不利月份的发电条件下，使用最少的光伏阵列容量，可降低系统建设成本。

第4章　太阳能光伏发电储能电池及器件

储能单元是太阳能光伏发电系统不可缺少的部件，其主要功能是存储光伏发电系统的电能，并在日照量不足、夜间以及应急状态时给负载供电。目前太阳能光伏发电系统中，常用的储能电池及器件有铅酸蓄电池、镍镉蓄电池、锂离子蓄电池、镍氢蓄电池及超级电容器等，它们分别应用于太阳能光伏发电的不同场合或产品中。由于性能及成本的原因，目前应用较多、使用较广泛的还是铅酸蓄电池。

太阳能光伏发电系统对储能部件的基本要求：自放电率低；使用寿命长；深放电能力强；充电效率高；少维护或免维护；工作温度范围宽；价格低廉。

4.1　光伏发电储能技术及蓄电池

4.1.1　光伏发电储能技术

电能是高品位、洁净的二次能源，比其他类型的能源更为通用，并能高效地转换为其他形式的能源，例如，电能可以几乎100%地转换为机械能或者热能。然而，热能、机械能却不能以如此高效率地转换为电能。

电力的缺点是不易大规模储存，或者说电力储存的代价很高。假如输配电及用电损耗的电能忽略不计的话，所有用电器的耗电量即为发电量。这对于传统电厂并无困难，不过是其燃料消耗量随着负载需求而连续变化。但对光伏发电和风力发电等间隙性电源，就不能随时、全时满足负荷需求。因此，储能成为必备的特征以配合这类发电系统。尤其对独立光伏发电系统和离网型风机而言，储能可以显著改善负荷的可用性，而且对电力系统的能量管理、安全稳定运行、电能质量控制等均有重要意义。

近年来，随着光伏发电、风力发电设备制造成本的大幅度降低，将其大规模接入电网成为一种发展潮流，与此同时，电能的存储也成为重大的挑战，也是在光伏发电、风力发电等大规模接入电网时必须加以重视的研究课题。经过人类不懈的努力，开发并发展了许多储能技术，图 4.1 列出了储能技术的主要分类。

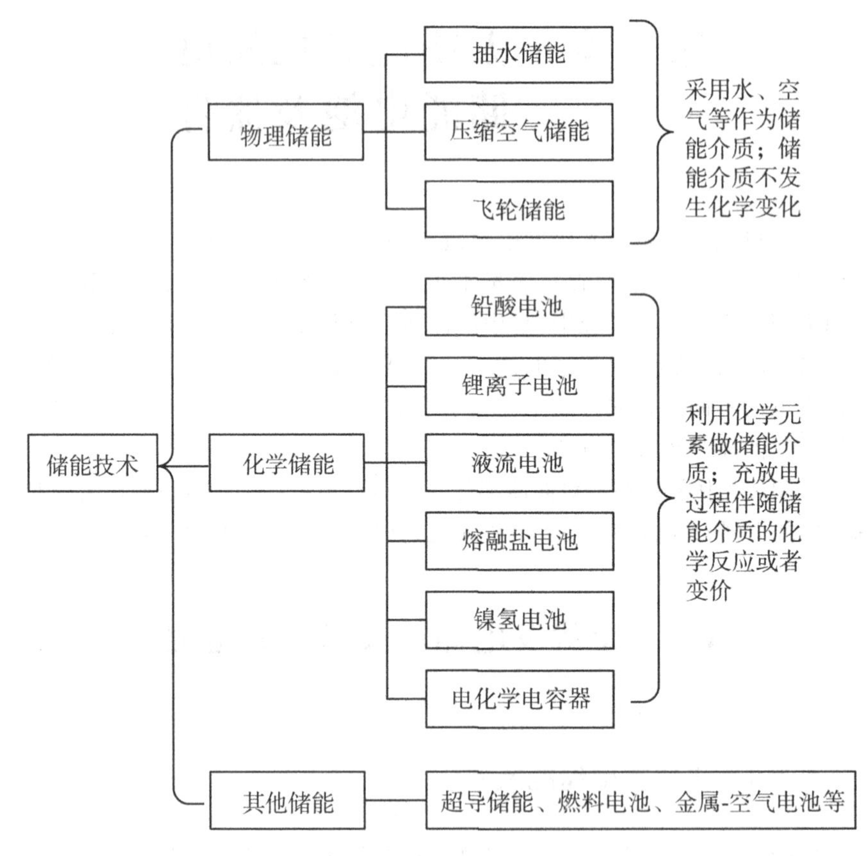

图 4.1 储能技术及特点

需要特别指出的是，按照储能的狭义定义，燃料电池与金属-空气电池虽然不具备“充电”的特性，不等同于狭义上的储能，但就其特点和应用领域又与储能产品相近。

4.1.1.1 光伏发电系统中储能技术的作用

光伏发电系统中的储能技术是转移高峰电力、开发低谷用电、优化资源配置、保护生态环境的一项重要技术措施。在我国储能技术的推广应用刚刚起步，虽然推广应用的面很小，但效益明显，潜力很大。储能技术特别适用于可再生能源的光伏发电系统，由于可再生能源的不稳定性，导致其不能连续运行，因此储能技术在光伏发电系统中有着非常重要的作用。在光伏发电系统中储能技术的作用如图 4.2 所示。

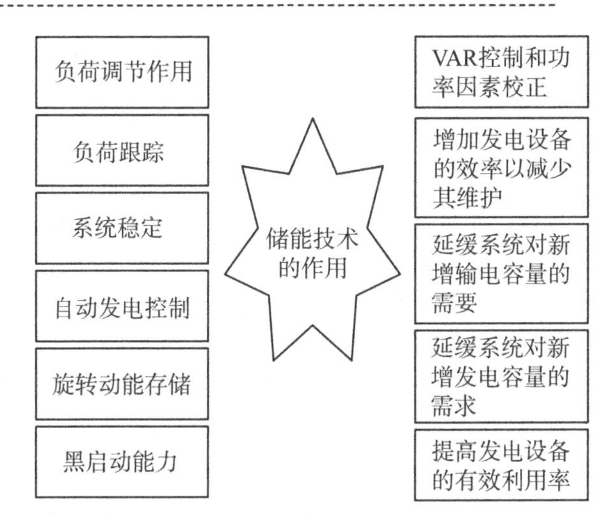

图 4.2　光伏发电系统中储能技术的作用

4.1.1.2　适用于光伏发电系统的储能技术

储能技术具有极高的战略地位，长期以来世界各国都在不断支持储能技术的研究和应用，并给予大力的财政资助。可用于光伏发电系统的储能技术主要有图 4.3 所示的几类。

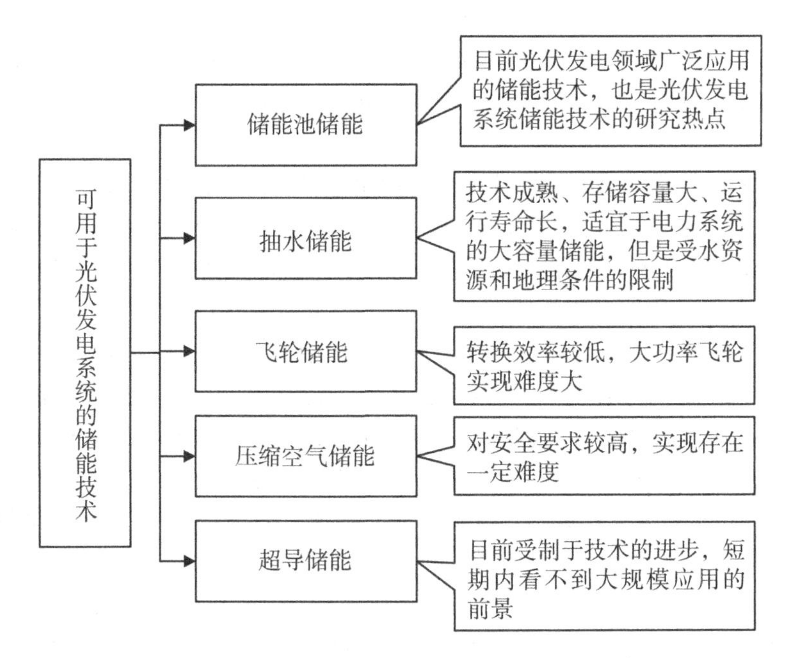

图 4.3　可用于光伏发电系统的储能技术

4.1.2 蓄电池

蓄电池是用来将太阳能电池组件产生的电能(直流)存储起来供后级负载使用的部件,在独立光伏系统中,一般都需要控制器来控制其充电状态和放电深度,以保护蓄电池,延长其使用寿命。

深度循环电池是用较大的电极板制成的,可承受标定的充放电次数。所谓的深循环,是指放电深度为60%～70%,甚至更高。循环次数取决于放电深度、放电速度、充电速率等。主要特点是采用较厚的极板以及较高密度的活性物质。极板较厚,可以存储更多的容量,而且放电时容量的释放速度较慢。而活性物质的高密度则可以保证它们在电池的极板/板栅中附着更长的时间,从而可以降低其衰减的程度。深循环状态下拥有较长的使用寿命;深循环后的恢复能力好。

浅循环电池使用较轻的电极板。浅循环电池不能像深度循环电池那样多次地循环使用。太阳能电池的电压要超过蓄电池的工作电压20%～30%,才能保证给蓄电池正常供电。蓄电池容量应比负载日耗量高6倍以上为宜。

蓄电池作为太阳能光伏发电系统中的储能装置,从以下3个方面可以提高系统供电质量。

(1) 剩余能量的存储及备用。当日照充足时,储能装置将系统发出的多余电能存储,在夜间或阴雨天将能量输出,解决了发电与用电不一致的问题。

(2) 保证系统稳定功率输出。各种用电设备的工作时段和功率大小都有各自的变化规律,欲使太阳能与用电负载自然配合是不可能的。利用储能装置,如蓄电池的储能空间和良好的充电与放电性能,可以起到光伏发电系统功率和能量的调节作用。

(3) 提高电能质量和可靠性。光伏系统中的一些负载(如水泵、割草机和制冷机等),虽然容量不大,但在启动和运行过程中会产生浪涌电流和冲击电流。在光伏组件无法提供较大电流时,利用蓄电池储能装置的低电阻及良好的动态特性,可适应上述感性负载对电源的要求。

目前,太阳能光伏离网系统使用的蓄电池主要有铅酸蓄电池、镍镉蓄电池、镍氢蓄电池和锂电池等。其中,铅酸蓄电池可靠性强,可提供高脉冲电流,价格低廉,其价格为其余类型电池价格的1/4～1/6,一次投资比较低,大多数用户能够承受;技术和制造工艺成熟。缺点是质量大、体积大、能量质量比低,对充放电要求严格。镍镉蓄电池自放电损失小,耐过充放电能力强，但价格较贵。考虑到蓄电池的使用条件和价格，大部分太阳能离网光伏系统会选择铅酸蓄电池。近年来推出的阀控式密封铅酸蓄电池(VRLA)、胶体铅酸蓄电池和免维护蓄电池已被广泛采用。

蓄电池容量决定负载所能维持的天数，通常是指没有外电力供应的情况下，完全由蓄电池储存的电量供给负载所能维持的天数，蓄电池容量可参考当地年平均连阴雨天数和客户的需要等因素决定。蓄电池的设计包括蓄电池容量的设计计算和蓄电池组的串并联设计。

4.2　铅酸蓄电池

4.2.1　铅酸蓄电池的结构及分类

铅酸蓄电池是目前光伏发电系统最常用的储能部件，采用硫酸作电解液，用二氧化铅和绒状铅分别作为电池的正极和负极的一种酸性蓄电池。铅酸蓄电池一般由 3 个或 6 个单格电池串联而成，结构如图 4.4 所示。

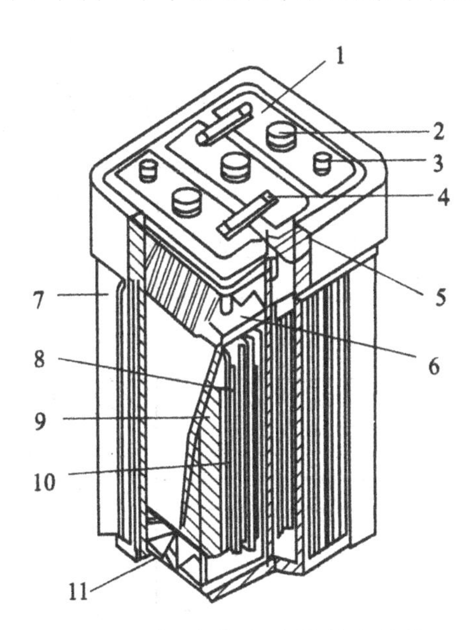

图 4.4　铅酸蓄电池的基本结构

1—电池盖；2—排气栓；3—极柱；4—连接条；5—封口胶；6—汇流排；
7—电池槽；8—正极板；9—负极板；10—隔板；11—鞍子

普通蓄电池的极板是由铅和铅的氧化物构成，电解液是硫酸的水溶液。它的优点是电压稳定、价格便宜；缺点是比能（即每千克蓄电池存储的电能）低、使用寿命短且日常维护频繁。

另外还有一种免维护蓄电池。由于自身结构上的优势，电解液的消耗量非常小，在使用寿命内基本不需要补充蒸馏水；同时还具有耐震、耐高温、体积小、自放电小的特点。使用寿命一般为普通蓄电池的两倍。市场上的免维护蓄电池有两种：一种是在购买时一次性加电解液以后使用中不再需要维护（添加补充液）；另一种是电池本身出厂时就已经加好电解液并密封，用户根本就不能往电池里加补充液。

铅酸蓄电池的分类如图 4.5 所示。

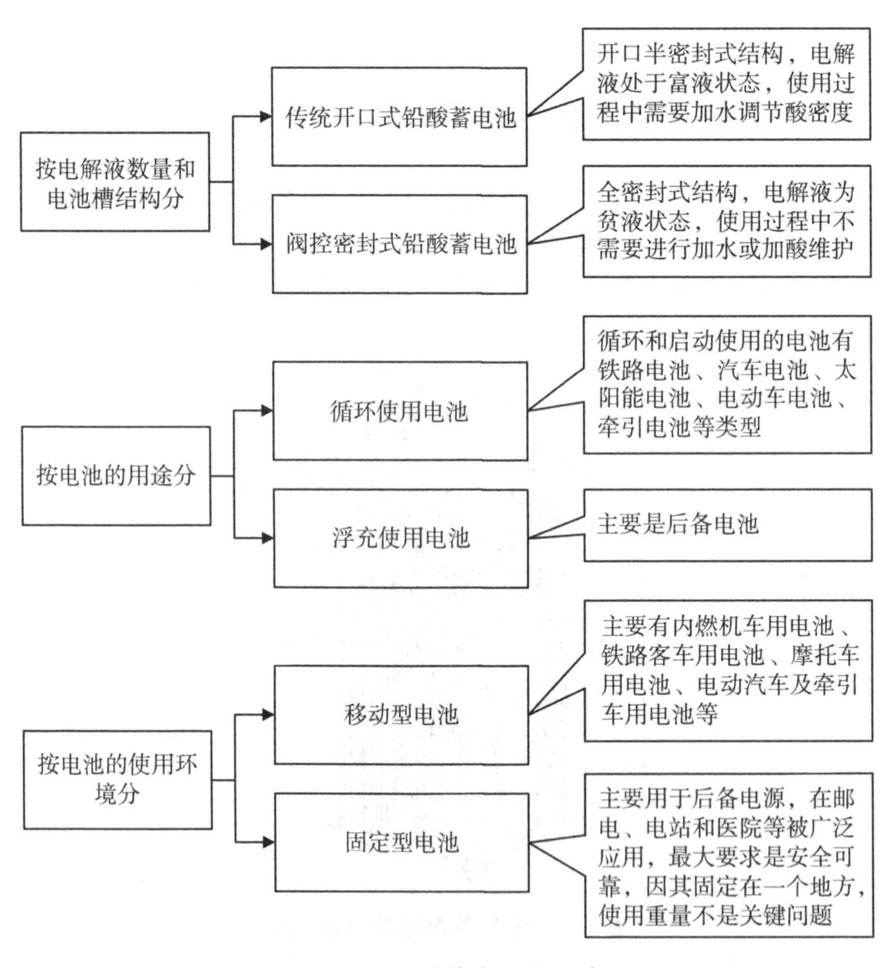

图 4.5　铅酸蓄电池的分类

4.2.2 铅酸蓄电池的工作原理

铅酸蓄电池由两组极板插入稀硫酸溶液中构成。电极在完成充电后，正极板为二氧化铅，负极板为绒状铅。

铅酸蓄电池在充电和放电过程中的可逆反应理论比较复杂，目前公认的是“双硫酸化理论”。该理论的含义为铅酸蓄电池在放电后，两电极的有效物质和硫酸发生作用，均转变为硫酸化合物——硫酸铅；当充电后，又恢复为原来的铅和二氧化铅。其充放电化学反应式为

$$PbO_2+2H_2SO_4+Pb \rightleftharpoons 2PbSO_4+2H_2O$$

上面给出的是正常充、放电化学方程式为理想化的原理方程式，只要没有遭受到机械的损伤，一块铅酸蓄电池可无休止地使用下去，完成充、放电过程。

4.2.2.1 放电过程

(1)铅酸蓄电池放电时，在蓄电池的电位差作用下，负极板上的电子经负载进入正极板形成电流，同时在电池内部进行化学反应。

(2)负极板上每个铅原子放出两个电子后，生成的铅离子(Pb^{2+})与电解液中的硫酸根离子(SO_4^{2-})反应，在极板上生成难溶的硫酸铅($PbSO_4$)。

(3)正极板的铅离子(Pb^{4+})得到来自负极的两个电子($2e^-$)后，变成二价铅离子(Pb^{2+})与电解液中的硫酸根离子(SO_4^{2-})反应，在极板上生成难溶的硫酸铅($PbSO_4$)。正极板水解出的氧离子(O^{2-})与电解液中的氢离子(H^+)反应，生成稳定物质水。

(4)电解液中存在的硫酸根离子和氢离子在电场的作用下分别移向电池的正负极，在电池内部形成电流，整个回路形成，蓄电池向外持续放电。

(5)放电时 H_2SO_4 浓度不断下降，正负极上的硫酸铅($PbSO_4$)增加，电池内阻增大(硫酸铅不导电)，电解液浓度下降，电池电动势降低。

图4.6给出了放电过程中两极发生的电化学反应。

4.2.2.2 充电过程

(1)充电时，应外接直流电源(充电极或整流器)，使正、负极板在放电后生成的物质恢复成原来的活性物质，并把外界的电能转变为化学能储存起来。

(2)在正极板上，在外界电流的作用下，硫酸铅被离解为二价铅离子(Pb^{2+})和硫酸根负离子(SO_4^{2-})，由于外电源不断从正极吸取电子，则正极板附近游离的二价铅离子(Pb^{2+})不断放出两个电子来补充，变成四价铅离

子(Pb^{4+}),并与水继续反应,最终在正极板上生成硫酸铅($PbSO_4$)。

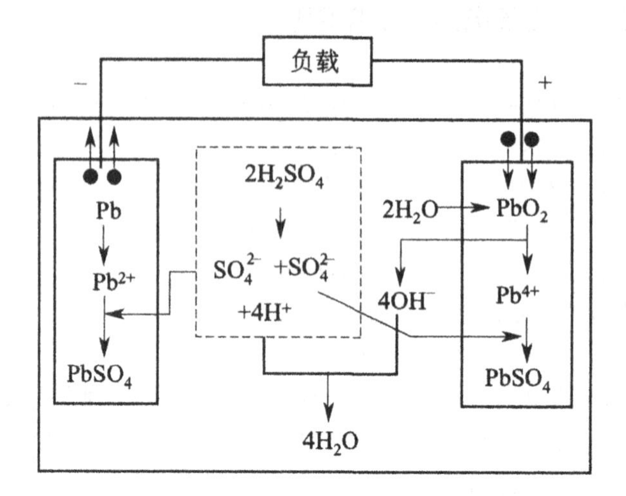

图 4.6 放电过程中的电化学反应

(3)在负极板上,在外界电流的作用下,硫酸铅被离解为二价铅离子(Pb^{2+})和硫酸根负离子(SO_4^{2-}),由于负极不断从外电源获得电子,则负极板附近游离的二价铅离子(Pb^{2+})被还原为铅(Pb),并以绒状铅附在负极板上。

(4)电解液中,正极不断产生游离的氢离子(H^+)和硫酸根离子(SO_4^{2-}),负极不断产生硫酸根离子(SO_4^{2-}),在电场的作用下,氢离子向负极移动,硫酸根离子向正极移动,形成电流。

(5)充电后期,在外电流的作用下,溶液中还会发生水的电解反应。

图 4.7 所示是充电过程中两极发生的电化学反应。

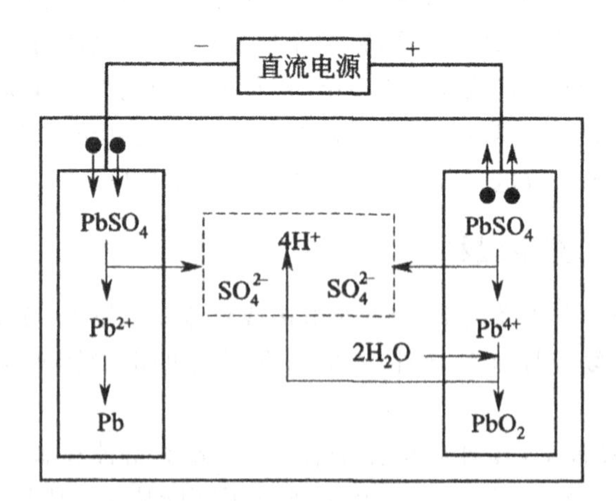

图 4.7 充电过程中两极发生的电化学反应

在充电过程中，电解液的密度会逐渐升高。对于富液式铅蓄电池而言，可以通过电解液密度的大小来判断电池的荷电程度，也可以用密度值作为充电完成的标志，如启动用铅蓄电池的充电终了密度为 $d_{15}=1.28\sim1.30\ g/cm^3$，固定用防酸隔爆式铅蓄电池的充电终了密度为 $d_{15}=1.20\sim1.22\ g/cm^3$。

4.3　胶体型铅酸蓄电池

铅酸蓄电池从问世到如今在很多领域一直有着广泛应用。但是它所使用的硫酸电解液很容易发生泄漏而对环境和设备等造成一定程度的损害。为此，人们设法将电解液“固定”起来，将蓄电池“密封”起来，便产生了使用胶体电解液的铅酸蓄电池——胶体型铅酸蓄电池。最简单的做法是在硫酸中添加胶凝剂，使硫酸电解液变为胶态。

胶体铅酸蓄电池为密封结构、电解液凝胶、无渗漏、充放电无酸雾、无污染，是国家大力推广应用的环保产品。其主要特点如下：

(1)放电曲线平直，拐点高，比能量特别是比功率要比普通铅酸蓄电池大20%以上，寿命一般比普通铅酸蓄电池长一倍左右，充电接收能力强。

(2)自放电小，耐存放。

(3)过放电恢复性能好，大电流放电容量比普通铅酸蓄电池增加30%以上。

(4)低温性能好，高温特性稳定，满足65℃甚至更高温度环境的使用要求。

(5)循环使用寿命长，可达到800～1500充放电次，单位容量工业成本低于普通铅酸蓄电池，经济效益高。

胶体的质量和灌装工艺对胶体铅酸蓄电池的质量有重要的影响。即使大型胶体铅酸蓄电池也像灌注稀硫酸一样灌满。胶体在蓄电池中充分凝胶，在极群内外上下都呈均匀的糊状凝胶，在胶体铅酸蓄电池的整个寿命期间，完全没有液化现象。

胶体电解质和普通液态电解质相比具有以下优点：

(1)硫酸被胶体均匀地固化分布，无浓度层化问题，胶体铅酸蓄电池可竖直或水平任意放置。

(2)由于采用胶体电解质，胶体铅酸蓄电池的自放电性能得到明显改善，免维护性能好，在同样的硫酸纯度和水质情况下，存放时间可延长2倍以上。

(3)在严重缺电的情况下,胶体铅酸蓄电池抗硫化性能明显。

(4)充放电无记忆效应(N次),在严重放电情况下的恢复能力强,反弹容量大,恢复时间短,在放完电数分钟后仍能应急使用。

(5)纳米胶体和特殊合金保证了蓄电池良好的充电接受能力,抗过充能力强,具有比较好的深循环能力,以及很好的过充和过放能力。

(6)胶体铅酸蓄电池的后期放电性能得到明显改善。

(7)胶体铅酸蓄电池不会出现漏液、渗酸等现象,逸气量小,对环境危害很小。

(8)胶体铅酸蓄电池适用于多种恶劣环境,在−40℃~+70℃环境都可正常使用,在−20℃的环境下,仍可以释放额定容量的80%以上。

虽然胶体电解质具有以上诸多优点,但是也有一定的缺陷,具体表现在以下方面:

(1)胶体电解质相对于普通电解液来说加注比较困难,这一点需要通过改变胶体配方、加注缓凝剂来改变。

(2)如果在胶体的配制过程中,生产工艺不合理或控制不好,蓄电池的初容量会比较小。

(3)胶体铅酸蓄电池早期排气带出的胶粒是含酸的,胶粒容易贴附在蓄电池的外壳上,所以,反映出蓄电池假漏酸现象。

(4)氧循环虽然抑制了失水,但氧循环产生热量,使蓄电池内部温升较高。

经验表明,胶体铅酸蓄电池要在极板生产、胶体电解质配方、灌装方法、充电工艺等方面制定一套完善的工艺流程,以保证胶体铅酸蓄电池性能的更好发挥。

4.4 其他储能装置

4.4.1 碱性蓄电池

碱性蓄电池的基本结构与铅酸蓄电池相同,有极板、隔离物、外壳和电解液。碱性蓄电池按其极板材料,可分为镉镍蓄电池、铁镍蓄电池等。工作原理与铅酸蓄电池相同,只是具体的化学反应不同。碱性蓄电池与铅蓄电池相比,具有体积小、可深放电、耐过充和过放电以及使用寿命长、维护简单等优点。

4.4.2　铅-锑电池

铅-锑电池可承受深度放电，但因为水耗散大，需要定期维护。安装时，正负极板相互嵌合，之间插入隔板，用极板连接条将所有的正极和所有的负极分别连接，如此组装起来，便形成单格蓄电池。单格蓄电池中负极板的数目比正极板多一块。无论单格蓄电池含有几块正极板和负极板，每个单格蓄电池均只能提供 2.1 V 左右的电压。极板的数量越多，蓄电池能提供此电压的时间越长。以一个单格电池的正极边连接另一单格电池的负极边的方式依次用链条（由铅锑合金制成）连接，最后留出一组正负极作为蓄电池的正负极，这样，把若干个单格电池串联起来后即构成蓄电池。极板厚度越薄，活性物质的利用率就越高，容量就越高。极板面积越大，同时参与反应的物质就越多，容量就越大。同性极板中心距越小，蓄电池内阻越小，容量越大。为减少尺寸、降低内阻，正负极板应该尽量靠近，但为了避免相互接触而短路，正负极板之间用绝缘的隔板隔开。隔板是多孔性材料，化学性能稳定，有良好的耐酸性和抗氧化性，目前对免维护铅酸蓄电池用的是玻璃纤维纸。

正负极板用铅合金焊接在一起组成，并装于电池槽内组成单体蓄电池。隔板用来隔离正负极板，防止短路。电解液主要由纯水与硫酸组成，配以一些添加剂混合而成。主要作用：一是参与电化学反应，是蓄电池活性物质之一；二是起导电作用，即蓄电池使用时通过电解液中离子迁移，起到导电作用，使电化学反应得以顺利进行。安全阀是蓄电池的关键部件之一，它位于蓄电池顶部，作用首先是密封，当蓄电池内压低于安全阀的闭阀压时安全阀关闭，防止内部气体酸雾往外泄漏，同时也防止空气进入电池造成不良影响；同样，当蓄电池使用过程中内部产生气体气压达到安全阀压时，开阀将压力释放，防止产生电池变形、破裂和蓄电池内氧复合、水分损失等。

4.4.3　镍蓄电池

碱性蓄电池按其材料分类，可分为镍镉电池、镍氢电池、铁镍电池以及锌银电池等，这里仅对镍蓄电池进行简单介绍。

4.4.3.1　镍镉电池

镍镉电池可进行 500 次以上的充放电，经济耐用，常被作为一种非常理想的直流供电电池广泛应用（图 4.8）。镍镉电池以氢氧化镍作为正极的活性物质,以镉和铁的混合物作为负极的活性物质,电解液为氢氧化钾水溶液。相比铅酸电池,镍镉电池的优点:比能量高;安全放电,无须超容量设计;力学性能好;低温性能良好;内阻低,允许大电流输出;允许快速充电;放电过程中电压稳定易于维护。缺点:价格比铅酸电池贵;电池效率低;若电池没有完全放电,则会出现“记忆效应”;镉有毒,使用后须回收。

图 4.8 镍镉电池

镍镉电池的正极板:

活性物质=氧化镍粉+石墨粉

式中:石墨的主要作用是增强导电性,并不参加任何化学反应。

镍镉电池的负极板:

活性物质=氧化镉粉+氧化铁粉

式中:氧化铁粉的作用是使氧化镉粉有较高的扩散性,防止结块,并增加极板的容量。

活性物质分别包在穿孔钢带中,加压成型后即成为电池的正负极板。极板间用耐碱的硬橡胶绝缘棍或有孔的聚氯乙烯瓦楞板隔开。

镍镉电池放电时:

$$Cd+2NiO(OH)+2H_2O=2Ni(OH)_2+Cd(OH)_2$$

充电时反应相反。

与铅酸电池相比,其主要优点是:

(1) 比能量高,耐全放电。

(2) 机械性能好,温度适应性良好。

(3) 内阻低,允许大电流输出。

(4) 允许快速充电,放电过程中电压稳定,易于维护。

其缺点是:

(1) 价格是铅酸电池的 2~3 倍。

(2) 电池效率低(约为 75%)。

(3) 如果电池没有完全放电,有记忆效应。

(4) 镉有毒,电池不能破解,而且使用后需合理回收。

4.4.3.2　镍氢电池

镍氢电池与镍镉电池结构及原理均相似，不同的是将镉替换为储氢合金电极。它的主要优点是：与同体积镍镉电池相比，容量高；与镉相比，采用储氢合金电极没有重金属镉带来的污染问题；具有良好的过充电和过放电性能。

4.4.3.3　铁镍电池

铁镍电池正极采用带活性铁材料的钢丝棉，负极采用带活性镍材料的钢丝棉。此种电池由爱迪生发明，也称为爱迪生电池。其主要优点是价格低，使用寿命长(3000 次)。其主要缺点是电池效率低，自放电率高(典型值为 40%/月)，水耗高，适用温度受限(0～40℃)，内阻大。

4.4.4　燃料蓄电池

燃料电池(fuel cell)是一种将存在于燃料与氧化剂中的化学能直接转化为电能的发电装置。它从外表上看有正负极和电解质等，像一个蓄电池，但实质上它不能“储电”而是一个“发电厂”。燃料电池能量转换效率高，洁净，无污染，噪声低，模块结构性强，比功率高，既可以集中供电，也适合分散供电。燃料电池在数秒钟内就可以从最低功率变换到额定功率。其基本结构如图 4.9 所示。

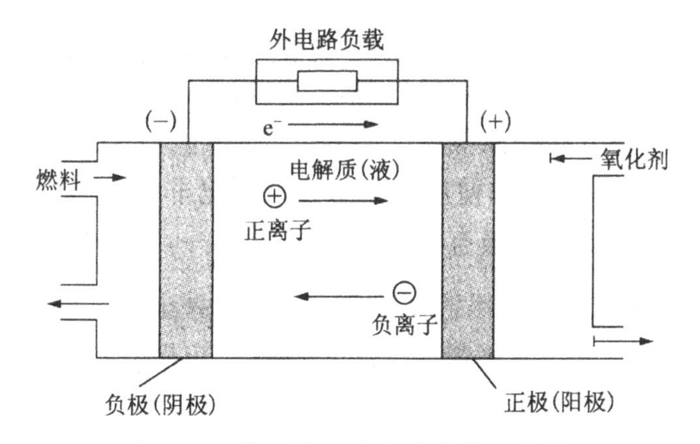

图 4.9　燃料蓄电池基本结构示意图

燃料蓄电池主要工作原理可以总结如下：

(1) 氢气通过双极板上的导气通道到达蓄电池的阳极，通过电极上的扩散层到达质子交换膜。

(2) 氢气在阳极催化剂的作用下分解为 2 个氢离子(即质子)，并释放出 2 个电子。

(3) 蓄电池另一端，氧气或空气通过双极板上导气通道到达蓄电池阴极，通过电极上的扩散层到达质子交换膜；同时，氢离子穿过电解质到达阴极，电子通过外电路也到达阴极。

(4) 在阴极催化剂的作用下，氧与氢离子和电子发生反应生成水。

(5) 与此同时，电子在外电路的连接下形成电流，通过适当连接可以向负载输出电能。生成的水通过电极随反应尾气排出。

燃料蓄电池可分为碱性燃料蓄电池(AFC)、磷酸燃料蓄电池(PAFC)、熔融碳酸盐燃料蓄电池(MCFC)、固体氧化物燃料蓄电池(SOFC)和质子交换膜燃料蓄电池(PEMFC)等不同类型。质子交换膜燃料蓄电池(PEMFC)是发展较晚的一种新型燃料蓄电池，目前应用最为普遍。质子交换膜燃料蓄电池的主要优点如下：

(1) 能量转化效率高。通过氢氧化合作用，直接将化学能转化为电能，不通过热机过程，不受卡诺循环限制。

(2) 可实现零排放。其唯一的排放物是纯净水(及水蒸气)，没有污染物排放，是环保型能源。

(3) 运行噪声低，可靠性高。PEMFC 蓄电池组无机械运动部件，工作时仅有气体和水的流动。

(4) 维护方便。PEMFC 内部构造简单，蓄电池模块呈现自然的"积木化"结构，使得蓄电池组的组装和维护都非常方便；很容易实现"免维护"设计。

(5) 发电效率受负荷变化影响很小，非常适合于用作分散型发电装置(作为主机组)以及用作电网的"调峰"发电机组(作为辅机组)。

(6) 氢是世界上最多的元素，氢气来源极其广泛，是一种可再生的能量资源，取之不尽，用之不竭。可通过石油、天然气、甲醇、甲烷等进行制氢；也可通过电解水制氢、光解水制氢、生物制氢等方法获取氢气。

(7) 氢气的生产、储存、运输和使用等技术目前均已非常成熟、安全、可靠。

因此，燃料蓄电池被认为是最有潜力的蓄电池之一，亦是光伏发电系统未来的主要伙伴之一。

4.5　储能技术及装置的类比应用

在光伏发电系统中，储能装置的配置可从系统类别进行如下说明。

4.5.1　独立光伏发电系统

众所周知，独立光伏发电系统中通常必须配置一定容量的储能装置。但如何选择适宜的储能技术及装置？在独立光伏发电系统中，储能技术的选择需要在不同的影响因素之间进行综合考虑。

(1) 成本。这往往是首要的因素，指的是储能系统的建设投资成本，或者是包括维护在内的储能全寿命周期成本。

(2) 储能效率。对于发电成本已经较高的光伏系统来说，储能的效率是一个重要因素。如果储能的效率低于75%，这意味着需要将光伏组件的容量增加25%以上。

(3) 荷电保持能力。该因素与储能系统的效率和自放电率有关，这决定了一段时间后电池中还存有多少能量。

(4) 维护。尤其是在偏远地区，运行维护显著影响着系统的总成本。

(5) 适应不同运行工况的能力。电池的寿命受温度和充放电循环方式的影响，包括深度循环、小循环以及放电或充电电流的大小。

(6) 安全性。

(7) 可回收性。

为确保独立光伏发电系统的最优运行，应该根据不同的应用需求选择不同类型的电池。在众多储能技术中，铅酸蓄电池尽管已经使用了100多年，但其性价比目前仍然是最好的。在一些气候条件特别恶劣的地区，尤其是在极端的温度环境下可使用镍氢等碱性电池，但是价格较贵。在一些较为重要的光伏系统中，可以采用管式电极蓄电池，这种电池更适合每日循环的运行模式，但价格也较高。由于可靠性、安全性较高，这种蓄电池广泛应用峰值功率在几百瓦到几千瓦的专门设备供电系统(广播电视中继站、通信中继站、灯塔等)。管式电极蓄电池的使用寿命比平板电极要高很多(4～12年)，其全寿命周期费用约在5～6元/(kW·h)。在环境恶劣而又很难维护的应用系统中，如海上航标或一些密闭装置，可以使用具有气体重组功能的全密封铅酸蓄电池。总体来说，铅酸蓄电池作为储能用，其寿命受限，通常只有3～5年，这与光伏发电系统寿命(20～25年乃至更长)相比，实在很短。但是，我们发现锂电池具有更好的发展前景。

通过对铅酸蓄电池、镍镉电池、锂离子电池等多种功能不同的储能技术进行试验，结果表明在考虑循环使用寿命的情况下，锂离子电池在光伏发电应用中有较大的潜力。锂离子电池还具有其他一些性能优势，如储能效率高、使用寿命长、不用维护、可靠性高及性能的可预见性等。成本是锂电池的主要制约因素，但目前看来也在不断下降(在混合动力汽车或电动汽车的应用中，锂电池成本过去几年内有很大程度的下降，所以锂电池技术在未来的几年里将有更广泛的应用。

在过去的两三年里，一些研究项目致力于将锂离子电池储能应用于光伏发电系统中，其中采用了几十安时的电池模块，并优化调整了这些光伏发电系统中电池的配置容量和管理模式。在专门设备的供电应用上(如海上航标灯、路灯)，锂离子电池已经具有一定的竞争力，这得益于锂电池的高可靠性，以及约 0.2 欧元/(kW・h)的成本优势。铅酸电池的成本为 0.5～2 欧元/(kW・h)。锂离子电池技术也很可能实现储能装置的使用寿命与光伏发电系统使用寿命相当，即 20～25 年。

锂离子电池的技术仍在不断进步，美国加利福尼亚大学的研究人员利用化学气相沉积法和电感耦合等离子体处理法，研发出一种由覆盖硅涂层锥形碳纳米管聚合而成的三维簇结构的硅正极代替常用的石墨正极。基于这种结构造出的锂离子电池展现出很强的充放电性和卓越的循环稳定性，即使在高强度充交电情况下也是如此。与常用的石墨基正电极相比，其充电速度要快将近 16 倍。能让移动电子设备在 10 min 内充满电，而不是目前的几个小时。

还有专家指出，目前世界上最看好的 3 种储能技术是铅碳技术、锂电技术和液流技术。这其中，锂电池成本相对还是高，一致性问题也仍然存在；液流技术成本更高；而铅碳电池目前看来还是近期实际可行的储能技术路线，预计在未来 5～10 年内将成为主流，再往后就要看其他技术是否有突破。

铅碳电池成本约是锂电池的 1/3，毛利率远高于传统产品，未来具有极强的盈利空间。这种电池使用的碳材料很特殊，进入门槛较高。

4.5.2 并网光伏发电系统

储能技术在电力系统中的应用主要包括电力调峰、提高运行稳定性和提高电能质量等。它是实现灵活用电、互动用电的重要基础，是实现能源智能化利用的重要发展方向，也是发展智能电网的重要基础。

储能不但包含储能产品，也是一类功能的集合。储能技术与风电、光伏发电等间歇式的电源的联合并网应用，有助于提高电网对其接纳能力，通过集成能量转换装置，可实现对电力系统的各种平滑快速控制，给智能电网提供“智能”的基础，并进一步改善电网运行的安全性、经济性和灵活性，实现对电能的有效控制。在过去的多年里，发达国家的电网发生了较大变化，主要受以下几个因素的影响。

(1) 受欧洲政策与全球政策(《京都议定书》)等影响，需要限制能源利用中的二氧化碳排放。

(2) 电力市场自由化使得传统发电方式出现了投资回报的不确定性，同时促进了多种分布式发电的发展。

在分布式发电系统中，电力储能发挥着至关重要的作用，除了可以补偿分布式发电功率的波动外，还能够在任何时刻向系统注入电能，从而响应需求的变化。可以说，储能使电能发生了时空转移。

另外，人们还就不同应用需求或不同存储时间对储能进行了区分，而这几乎涵盖了储能在电力系统中的所有可能应用。

由于电网对储能系统的功率、响应时间和放点持续时间要求不同，因而需要采用不同的储能技术。对于功率较小的储能系统，如峰值功率在10 kW 等级的蓄电池，尤其是锂离子电池非常适宜于安全稳定控制或负荷调峰应用。同样，超级电容器适宜于周波范围内的波形制和电流质量改善。对于更大功率的储能系统，如峰值功率达到100 kW 等级(如用于工厂、别墅用电或电荷调峰等)，运行于高温区的钠硫电池或液流电池储能系统由于具有良好的循环性，所以成为不错的选择。最后，对于功率非常高的储能应用，如峰值功率达到1 MW 等级(电站)储能系统的初始基础设施建设投资巨大(如抽水蓄能电站、储热站、带燃气轮机的压缩空气储能电站)，但由于其附加费用较低，也具有一定的经济性。此外，随着飞轮储能技术的发展成熟，其应用早已进入视野。

第5章 太阳能光伏控制器和逆变器

光伏充放电控制器是一个完备的独立光伏发电应用系统所必不可少的。控制器性能直接影响到系统寿命，特别是蓄电池的寿命。系统通过控制器实现系统工作状态的管理、蓄电池剩余容量的管理、蓄电池的MPPT(最大光伏功率跟踪)充电控制、主电源及备用电源的切换控制以及蓄电池的温度补偿等主要功能。控制器用工业级MCU(微控制器)作主控制器，通过对环境温度的测量，对蓄电池和太阳能电池组件电压、电流等参数的检测判断，控制MOSFET器件(金属氧化物半导体效应管)的开通和关断，达到各种控制和保护功能，并对蓄电池起到过充电保护、过放电保护的作用。

太阳能电池光伏发电是直流系统，即太阳能电池发电能给蓄电池充电，而蓄电池直接给负载供电；当负载为交流电时，就需要将直流电变为交流电，这时就需要使用逆变器。逆变器的功能是将直流电转换为交流电，为“逆向”的整流过程，因此称为“逆变”。根据逆变器线路逆变原理的不同，有自激振荡型逆变器、阶梯波叠加逆变器和脉宽调制(PWM)逆变器等。根据逆变器主回路的拓扑结构不同，可分为半桥结构、全桥结构、推挽结构等。逆变器保护功能包括输出短路保护、输出过电流保护、输出过电压保护、输出欠电压保护、输出缺相保护、输出接反保护、功率电路过热保护和自动稳压功能等。

5.1 太阳能光伏控制器

在独立运行的太阳能光伏发电系统(以及风力发电系统和光伏-风能混合发电系统)中的控制器是对光伏发电系统进行管理和控制的设备，是整个光伏发电系统的核心部分。其具体作用如图5.1所示。

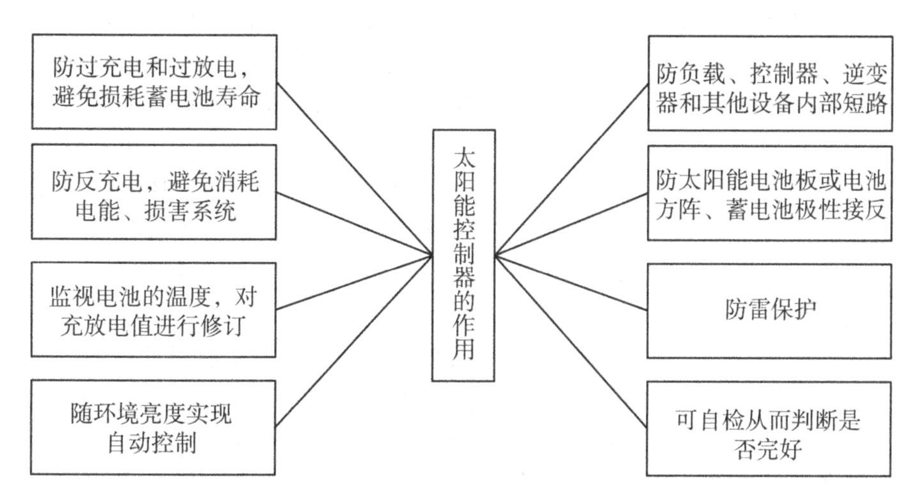

图 5.1　太阳能控制器的作用

5.1.1　控制系统

太阳能灯具系统是太阳能光伏发电的一个典型应用。而控制器是其中重要的一环，其性能好坏直接影响整个系统的寿命。这里以最为常用的太阳能路灯系统为例对其控制系统进行说明。

太阳能路灯控制系统包括微机主控线路、充电驱动线路和照明驱动线路。微机主控线路是整个系统的控制核心，控制整个太阳能路灯系统的正常运行。微机主控线路具有测量功能，通过对太阳能电池板电压、蓄电池电压等参数的检测判断，控制相应线路的开通或关断，实现各种控制和保护功能。充电驱动线路由 MOSFET 驱动模块及 MOSFET 组成。MOSFET 驱动模块采用高速光耦隔离，发射极输出，有短路保护和慢速关断功能。选用的 MOSFET 为隔离式、节能型单片机开关电源专用 IC，驱动 LED 的全电压输入范围为 150～200 V，输出电流为 8～9 A。输入电压范围宽，具有良好的电压调整率和负载调整率，抗干扰能力强，低功耗。系统通过充电驱动线路完成太阳能电池组向蓄电池的充电，电路中还提供了相应的保护措施。照明驱动线路由 IGBT 驱动模块（绝缘栅双极晶体管）及 MOSFET 组成，实现对灯具亮度的调节和控制。

通过编程可以对照明系统进行机动灵活的控制，可在任意时间段内通过 PWM（脉冲宽度调制）方式实现开关控制，比如路灯对前半夜与后半夜的亮度进行控制，控制比例依情况而定；开启单边路灯或者前半夜开灯，后半夜关灯。控制系统可以根据当地的地理位置、气象条件和负载状况做出最优化设计，但是由于季节因素，冬天太阳辐射要比夏天少，太阳能电池方阵冬天产生的电量比夏天少，可是冬天需要照明的电量却比夏天多，从而使照明系统的发电量与需电量形成反差，依然难以平衡月发电量盈余和耗电量亏损。为了提高照明系统发电量的利用率，克服系统缺电带来的不足，在太阳能照明系统的发展中，人们不断地对照明系统常用的控制模式进行分析，设计各种实际可行的工作模式，同时光源技术也在不断的更新换代中，蓄电池的充电模式也在不断的研究探索中有效利用率越来越高。

根据太阳能光伏系统的特点，运行要兼顾蓄电池剩余容量的影响。当系统正常开启时，利用蓄电池剩余容量检测方法得到当前蓄电池容量，通过查询后得到蓄电池将要维持的供电时间，然后平均使用蓄电池现有电量，同时根据当晚可使用的蓄电池电量对系统路灯照明方式灵活控制，合理使用蓄电池现有电量。

5.1.2 光伏控制器工作原理

控制电路根据光伏系统的不同，其复杂程度是不一样的，但其基本原理相同。图 5.2 所示是一个最基本的充放电控制器的工作原理图，在该电路原理图中，由太阳能光伏组件、蓄电池控制器电路和负载组成一个基本的光伏应用系统，这里 K_1 和 K_2 分别为充电开关和放电开关。K_1 闭合时，由太阳能光伏组件给蓄电池充电；K_2 闭合时，由蓄电池给负载供电。当蓄电池充满电或出现过充电时，K_1 将断开，光伏组件不再对蓄电池充电；当电压回落到预定值时，K_1 再自动闭合，恢复对蓄电池充电。当蓄电池出现过放电时，K_2 将断开，停止向负载供电；当蓄电池再次充电，电压回升到预设值后，K_2 再次闭合，自动恢复对负载供电。开关 K_1 与 K_2 的闭合和断开是由控制电路根据系统充放电状态决定的，开关 K_1 和 K_2 是广义的开关，它包括各种开关元件，如机械开关、电子开关。机械开关如继电器、交直流接触器等，这里的电子开关包括小功率三极管、功率场效应管、固态继电器、晶闸管等。根据不同的系统要求选用不同的开关元件或电器。

光伏控制器按电路方式的不同，分为并联型控制器、串联型控制器、脉冲调制型控制器、多路控制型控制器、智能控制型控制器等，如图 5.3～图 5-7 所示。

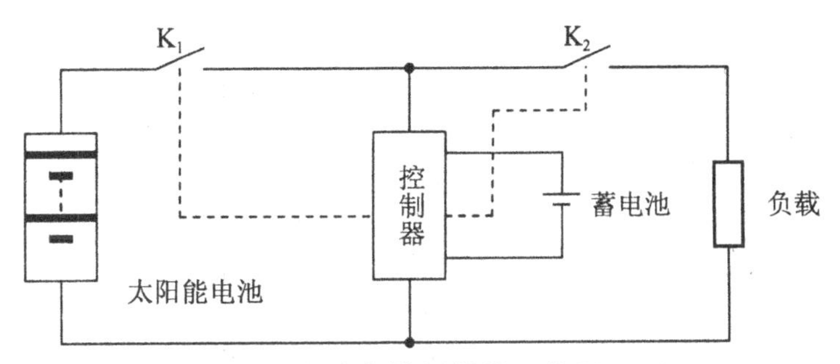

图 5.2　充放电控制器的工作原理图

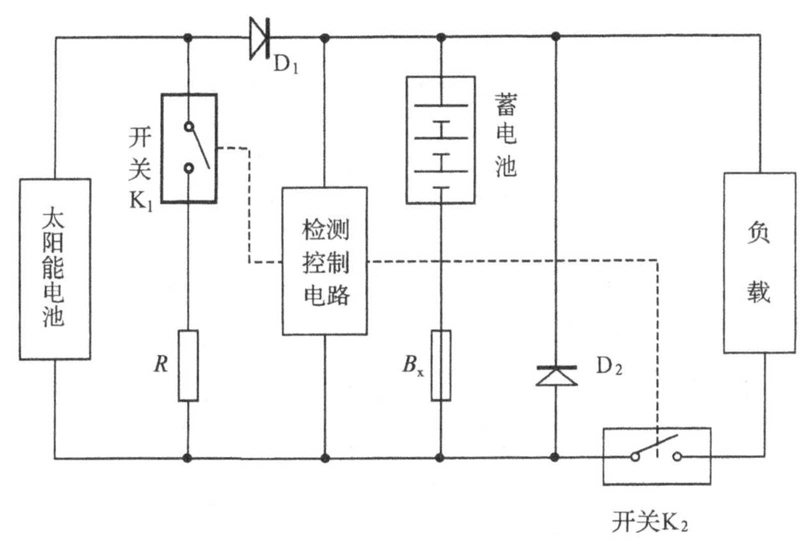

图 5.3　并联型电路充放电基本电路原理图

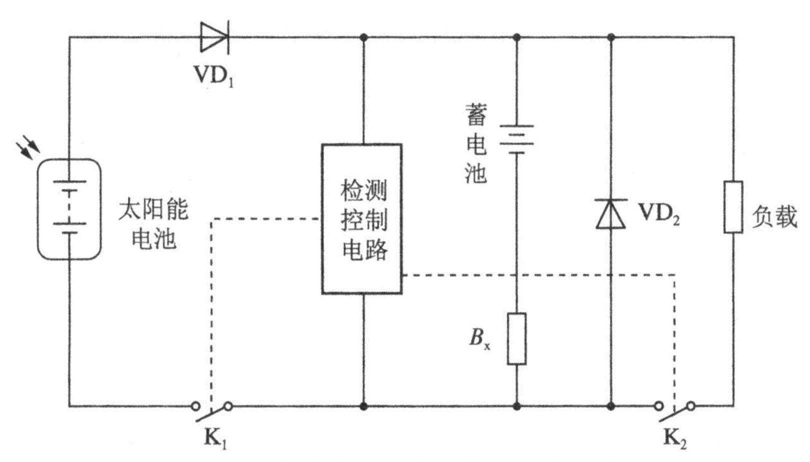

图 5.4　串联型充发电控制器基本电路原理图

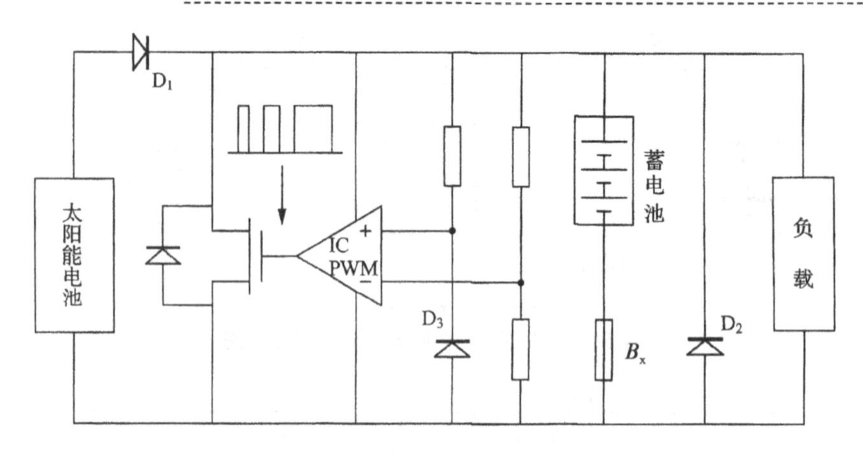

图 5.5　脉冲调制型控制器的电路原理图

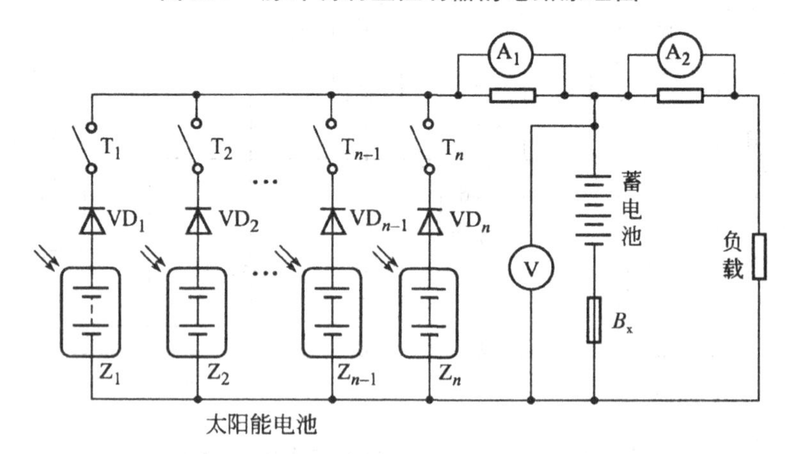

图 5.6　多路控制型控制器的电路原理图

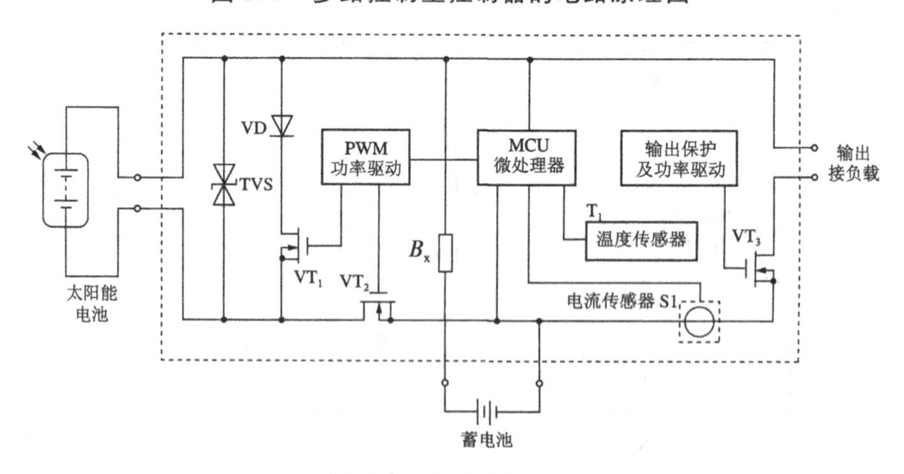

图 5.7　智能控制型控制器的电路原理图

5.1.3 蓄电池充放电控制

蓄电池充放电控制是整个系统的重要功能,它影响整个太阳能路灯系统的运行效率,还能防止蓄电池组的过充电和过放电。蓄电池的过充电或过放电对其性能和寿命有严重影响。充放电控制功能按控制方式可分为开关控制(含单路和多路开关控制)型和脉宽调制(PWM)控制(含最大功率跟踪控制)型。开关控制型中的开关器件可以是继电器,也可以是MOS(半导体金属氧化物)晶体管。脉宽调制(PWM)控制型只能选用MOS晶体管作为其开关器件。在白天晴天的情况下,根据蓄电池的剩余容量,选择相应的占空比方式向蓄电池充电,力求高效充电;夜间根据蓄电池的剩余容量及未来的天气情况,通过调整占空比方式调节灯亮度,以保证均衡合理使用蓄电池。此外系统还具有对蓄电池过充的保护功能,即充电电压高于保护电压时,自动调低蓄电池的充电电压;此后当电压掉至维护电压时,蓄电池进入浮充状态,当低于维护电压后浮充关闭,进入均充状态。当蓄电池电压低于保护电压时,控制器自动关闭负载开关以保护蓄电池不受损坏。通过PWM方式充电,既可使太阳能电池板发挥最大功效,又可提高系统的充电效率。

任何一个独立光伏系统都必须有防止反向电流从蓄电池流向阵列的方法。如果控制器没有这项功能的话,就要用到阻塞二极管。阻塞二极管既可在每一并联支路上,又可在阵列与控制器之间的干路上,但是当多条支路并联接成一个大系统时,应在每条支路上用阻塞二极管以防止由于支路故障或遮蔽引起的电流由强电流支路流向弱电流支路的现象。另外,如果有几个电池被遮阴,则它们便不会产生电流且会成为反向偏压,这就意味着被遮电池消耗功率发热,久而久之,形成故障,所以加上旁路二极管起保护作用。

在大多数光伏系统中都用到了控制器以保护蓄电池免于过充或过放。过充可能使电池中的电解液汽化,造成故障,而电池过放会引起电池过早失效。过充过放均有可能损害负载,所以控制器是光伏系统中重要的部件。控制器的功能是依靠电池的充电状态(SOC)来控制系统。当电池快要充满时控制器就会断开部分或全部的阵列;当电池放电低于预设水平时,全部或部分负载就会被断开(此时控制器包含有低压断路功能)。

控制器有两个动作设定点,用以保护电池。每个控制点有一个动作补偿设置点。比如一个12 V的电池,控制器的阵列断路电压通常设定在14 V,这样当电池电压达到这个值时,控制器就会把阵列断开,一般此时电池电压会迅速降到13 V;控制器的阵列再接通电压通常设在12.8 V,这样当电池电压降到12.8 V时,控制器动作,把阵列接到电池上继续对电池充电。同样地,当电压达到11.5 V时,负载被断开,直到电压达到12.4 V以后才能再接通。有些控制器的这些接通/断电压在一定范围内是可调的，这一性能非常有用，可监控电池的使用。在使用时控制器电压必须与系统的标称电压一致，且必须能控制光伏阵列产生的最大电流。

控制器的其他特性参数有：效率、温度补偿、反向电流保护、显示表或状态灯、可调设置点（高压断路、高压接通、低压断路、低压接通）、低压报警、最大功率跟踪等。

5.1.4 控制器的类型

在光伏系统中有两类基本的控制器，如图5.8所示。

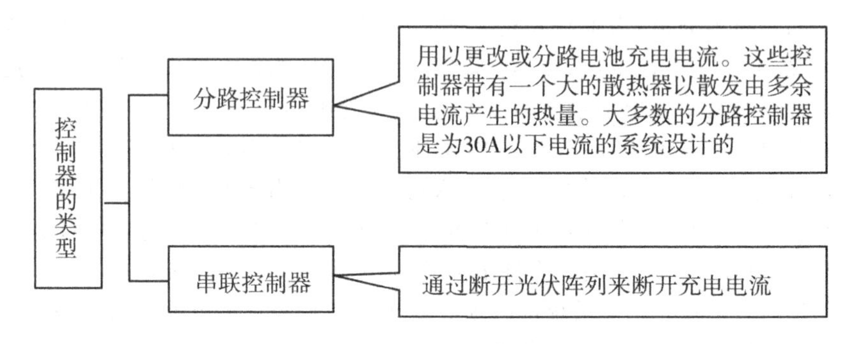

图5.8 控制器的类型

分路控制器和串联控制器也可分许多类，但总的来说这两类控制器都可设计成单阶段或多阶段工作方式。单阶段控制器是在电压达到最高水平时才断开阵列；而多阶段控制器在电池接近满充电时允许以不同的电流充电，这是一种有效的充电方法。当电池接近满充电状态时，其内阻增加，用小电流充电，这样能减少能量损失。

5.2 太阳能光伏逆变器

逆变器是一种具有广泛用途的电力电子装置。逆变器的原理早在20世纪60年代前就已被发现，在1931年的文献中就曾提到过这项技术。1948年，美国西屋公司介绍用汞弧整流器得到3000 Hz感应加热的变频方法。一直到1957年以前，逆变器都是用汞弧整流器或闸流管制成，不仅体积大，而且可靠性也差，因此没有得到普遍应用。1957年可控硅问世，1958年将200 V、50 A的可控硅用于工业，逆变器才开始有所进展。随着可控硅产量和质量的提高，到1960年以后逆变器的应用开始得到普遍推广。

5.2.1　逆变器的分类

逆变器依据不同的分类，可以分为很多种类，如图 5.9 所示。为便于学习，在此仅简单介绍一下不同种类的逆变器。

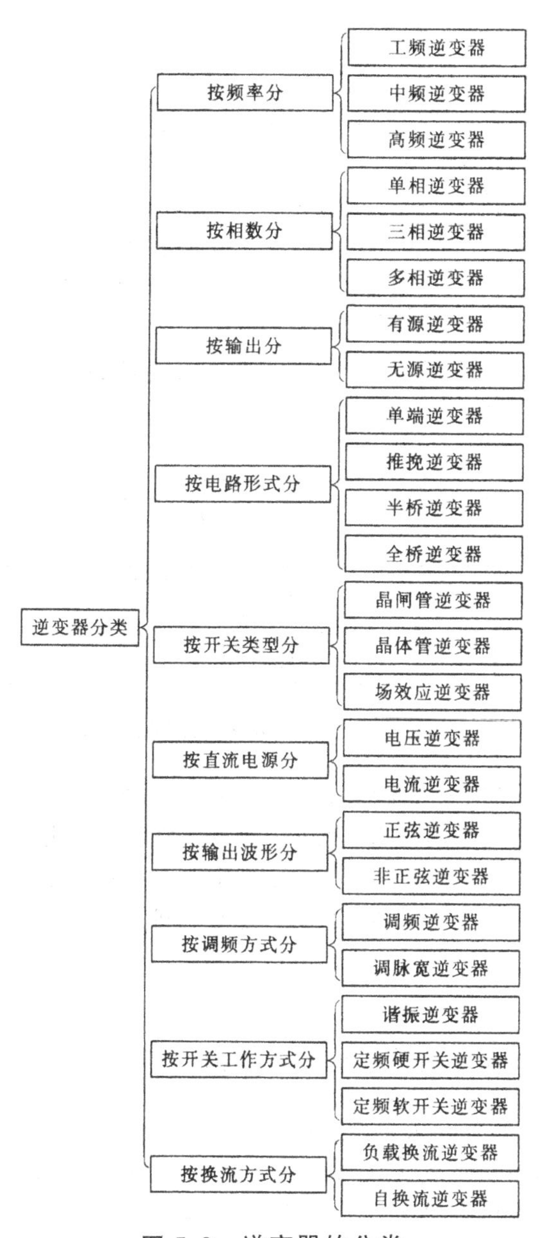

图 5.9　逆变器的分类

除图5.9中的分类方法外，从光伏系统应用的角度出发，按是否并网来看，将逆变器分为离网型逆变器和并网型逆变器。

5.2.2 逆变器的结构及工作原理

逆变器由半导体功率器件和逆变器驱动、控制电路两大部分构成，由于微电子技术和电力电子技术的发展促进了新型大功率半导体器件和驱动控制电路的出现，现在逆变器多采用绝缘栅极晶体管、功率场效应管、MOS控制器晶闸管以及智能型功率模块等各式先进和易于控制的大功率器件。控制电路也从原有的模拟集成电路发展到了由单片机控制或者是数字信号处理器控制，使逆变器向着系统化、全控化、节能化和多功能化方向发展。

5.2.2.1 逆变器基本结构

逆变器结构由输入电路、主逆变电路、输出电路、辅助电路、控制电路和保护电路等构成，如图5.10所示。

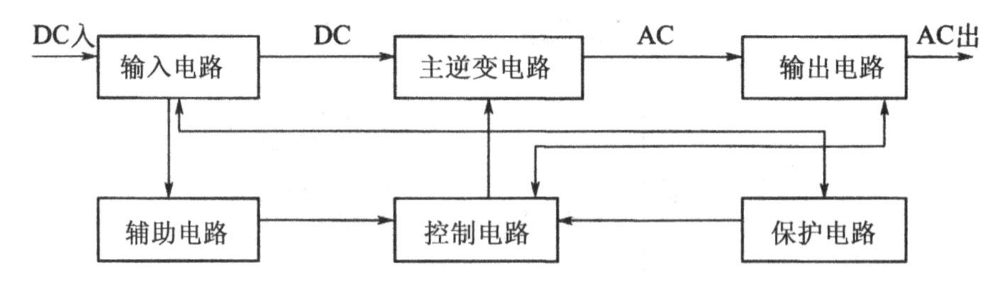

图5.10 逆变器基本电路结构图

输入电路负责提供直流输入电压；主逆变电路通过半导体开关器件的作用完成逆变程序；输出电路主要对主逆变电路输出交流电的频率，相位和电压、电流的幅值进行补偿和修正，以达到一定标准；控制电路为主逆变电路提供脉冲信号，控制半导体器件的开通与关断；辅助电路将输入电路的直流电压换成适合控制电路工作的直流电压，同时也包括了一系列的检测电路。

5.2.2.2 逆变电路基本工作原理

逆变器的工作原理类似开关电源，通过一个振荡芯片，或者特定的电路，控制着振荡信号输出，信号通过放大，推动场效应管不断开关，这样直流电输入之后，经过这个开关动作，就形成一定的交流特性，经过修正，就可以得到类似电网上的那种正弦波交流。逆变器是一种功率调查装置，对于使用交流负载的独立光伏系统来说，逆变器是必要的。逆变器选择的一个重要因素就是所设定的直流电压的大小。逆变器的输出可分为直流输出和交流输出两类。对于直流输出，逆变器称为变换器，是直流电压到直流电压的转换，这样可以提供不同电压的直流负载工作所需的电压。对交流输出，需要考虑的除了输出功率和电压外，还应考虑其波形和频率。在输入端需注意逆变器所要求的直流电压和所能承受的浪涌电压的变化。

逆变器的控制可以使用逻辑电路或专用的控制芯片，也可以使用通用单片机或 DSP 芯片等，控制功率开关管的门极驱动电路。逆变器输出可以带有一定的稳压能力，以桥式逆变器为例，如果设计逆变器输出的交流母线额定电压峰值比其直流母线额定电压低 10%～20%（目的是使其具备一定的稳压能力），则逆变器经 PWM 调制输出其幅值可以有向高 10%～20% 调节的余量，向低值调节则不受限制，只需降低 PWM 的开通占空比即可。因此逆变器输入直流电压波动范围为 15%～20%，向上只要器件耐压允许则不受限制，只需调小输出脉宽即可（相当于斩波）。当蓄电池或光伏电池输出电压较低时，逆变器内部需配置升压电路，升压可以使用开关电源方式升压也可以使用直流充电泵原理升压。逆变器使用输出变压器形式升压，即逆变器电压与蓄电池或光伏阵列电压相匹配，逆变器输出较低的交流电压，再经工频变压器升压送入输电线路。需要说明的是，不论是变压器还是电子电路升压，都要损失一部分能量。最佳逆变器工作模式是直流输入电压与输电线路所需要的电压相匹配，直流电力只经过一层逆变环节，以降低变换环节的损耗，一般来说逆变器的效率在 90%以上。逆变环节损耗的能量转换为功率管、变压器的热形式能量，该热量对逆变器的运行是不利的，威胁装置的安全，要使用散热器、风扇等将此热量排出装置以外。逆变损耗通常包括两部分：导通损耗和开关损耗。MOSFET 管开关频率较高，导通阻抗较大，由其构成的逆变器多工作在几十到上百千赫兹频率下；而 IGBT 导通压降相对较小，开关损耗较大，开关频率在几千到几十千赫兹之间，一般选择 10 kHz 以下。开关并非理想开关，在其开通过程中电流有一上升过程，管子端电压有一下降过程，电压与电流交叉过程的损耗就是开通损耗，关断损耗为电压电流相反变化方向的交叉损耗。降低逆变器损耗主要是要降低开关损耗，新型的谐振型开关逆变器，在电压或电流过零点处实施开通或关断，从而可以降低开关损耗。

下面以单相桥式逆变电路为例，说明逆变电路最基本的工作原理。如图 5.11(a)所示，开关 S_1～S_4 分别位于桥式电路的 4 个臂上，由电力电子器件和辅助电路构成。当开关 S_1 和 S_4 闭合、S_2 和 S_3 断开时，负载上得到左正右负的正向电压 u_o；间隔一段时间后，将开关 S_1 和 S_4 断开、S_2 和 S_3 闭合，负载上得到左负右正的反向电压 u_o，其波形如图 5.11(b)所示。通过这种方式就把直流电变为了交流电，并且改变开关频率，就可以改变输出交流电的频率。

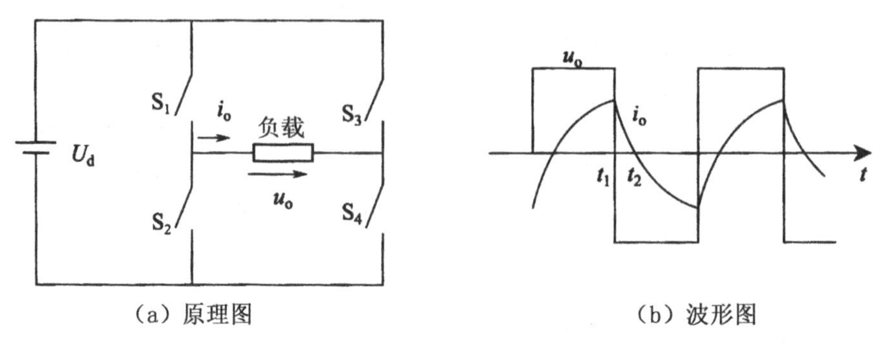

(a) 原理图　　(b) 波形图

图 5.11　逆变电路原理示意图及波形图

电阻性负载时，负载电流 i_o 和电压 u_o 的波形相同，相位也相同；当为阻感性负载时，电流 i_o 的基波相位滞后于 u_o 的基波，两者波形也不同，图 5.11(b)所示为阻感性负载时 i_o 的波形。设 t_1 时刻以前 S_1 和 S_4 闭合，u_o 和 i_o 均为正，在 t_1 时刻时断开，同时闭合 S_2、S_3，则 u_o 极性立刻变为负。由于负载中有电感存在，其电流方向不可能立刻改变方向而是维持原来的方向，电流从电源负极流出经过 S_2 和 S_3 流入电源正极，负载中储存的能量向直流电源反馈，负载电流逐渐减小，到 t_2 时刻变为零以后才逐渐反向增大。S_2、S_3 断开，S_1、S_4 闭合时情况相似。上述是 S_1～S_4 为理想开关时的分析，实际电路的工作过程更为复杂。

5.2.3　并网型逆变器的应用特点

在并网光伏发电系统中，根据光伏电池组件或方阵接入方式的不同，将并网型逆变器大致分为集中式并网逆变器、组串式并网逆变器(含双向并网逆变器)和微型(组件式)并网逆变器 3 类。图 5.12 所示是各种并网型逆变器的接入方式示意图。

5.2.3.1　集中式并网逆变器

集中式并网逆变器的特点就如其名字一样，是把多路电池组串构成的方阵集中接入到一台大型的逆变器中。一般是先把若干个电池组件串联在一起构成一个组串，然后再把所有组串通过直流接线(汇流)箱汇流，并通过直流接线(汇流)箱集中输出一路或几路后输入到集中式并网逆变器中，如

图5.12(a)所示。当一次汇流达不到逆变器的输入特性和输入路数的要求时,还要进行二次汇流。这类并网逆变器容量一般为10～1000 kW。集中式并网逆变器的主要特点如下:

(1) 由于光伏电池方阵要经过一次或二次汇流后输入到并网逆变器,该逆变器的最大功率跟踪(MPPT)系统不可能监控到每一路电池组串的工作状态和运行情况,也就是说不可能使每一组串都同时达到各自的MPPT模式,所以当电池方阵因照射不均匀、部分遮挡等原因使部分组串工作状况不良时,会影响到所有组串及整个系统的逆变效率。

(2) 集中式并网逆变器一般体积都较大、重量较重,安装时需要动用专用工具、专业机械和吊装设备,逆变器也需要安装在专门的配电室内。

(3) 集中式并网逆变器通常为大功率逆变器,其相关安全技术花费较大。

(4) 集中式并网逆变器系统无冗余能力,整个系统的可靠性完全受限于逆变器本身,如其出现故障将导致整个系统瘫痪,并且系统修复只能在现场进行,修复时间较长。

(5) 集中式并网逆变器直流侧连接需要较多的直流线缆,其线缆成本和线缆电能损耗相对较大。

(6) 采用集中式并网逆变器的发电系统可以集中并网,便于管理。在理想状态下,集中式并网逆变器还能在相对较低的投入成本下提供较高的效率。

5.2.3.2 组串式并网逆变器

组串式并网逆变器是基于模块化的概念,如图5.12(b)所示。这类逆变器容量一般为1～10 kW。组串式并网逆变器的主要特点如下:

(1) 组串式并网逆变器分布于光伏系统中,为了便于管理,对信息通信技术提出了相对较高的要求,但随着通信技术的不断发展,新型通信技术和方式的不断出现,这个问题也已经基本解决。

(2) 每路组串的逆变器都有各自的MPPT功能和孤岛保护电路,不受组串间光伏电池组件性能差异和局部遮影的影响,可以处理不同朝向和不同型号的光伏组件,也可以避免部分光伏组件上有阴影时造成巨大的电量损失,提高了发电系统的整体效率。

(3) 组串式并网逆变器系统具有一定的冗余运行能力,即使某个电池组串或某台并网逆变器出现故障也只是使系统容量减小,可有效减小因局部故障而导致的整个系统停止工作所造成的电量损失,提高了系统的稳定性。

(4) 组串式并网逆变器系统可以分散就近并网,减少了直流电缆的使用,从而减少了系统线缆成本及线缆电能损耗。

(5) 组串式并网逆变器体积小、重量轻,搬运和安装都非常方便,不需要专业工具和设备,也不需要专门的配电室。直流线路连接也不需要直流接线箱和直流配电柜等。

5.2.3.3 多组串式并网逆变器

多组串式并网逆变器是为了同时获得组串式逆变器和集中式逆变器的各自优点,在组串与组串之间引入了“主-从”的概念,而形成的多组串逆变方式,如图 5-12(c)所示。采用多组串逆变方式是当处于“主”地位的单一组串产生的电能不能使相对应的逆变器正常工作时,系统将使与其相关联(处于从属地位)的几组组串中的一组或几组参与工作,从而生产更多的电能。这种形式的多组串逆变器提供了一种完整的比普通组串逆变系统模式更经济的方案。

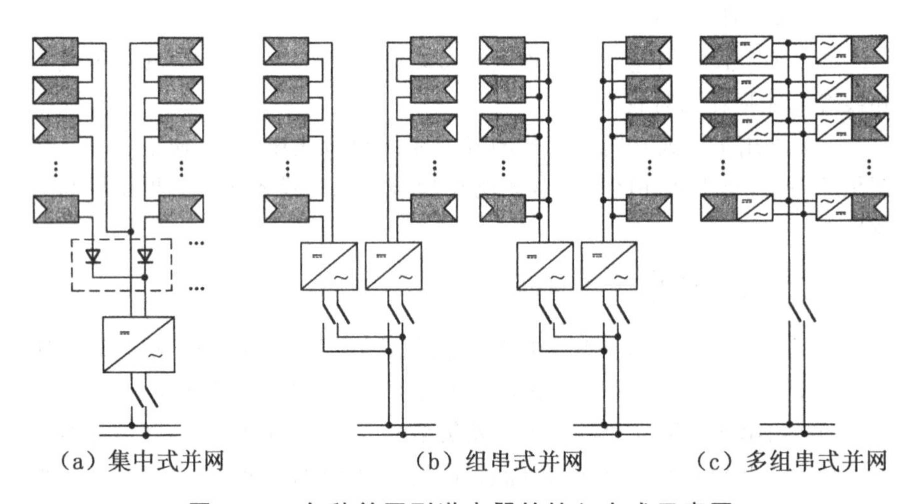

图 5.12 各种并网型逆变器的接入方式示意图

5.2.3.4 微型并网逆变器

微型并网逆变器也叫组件式并网逆变器或模块式并网逆变器,其外形如图 5.13 所示。微型并网逆变器可以直接固定在组件背后,每一块电池组件都对应匹配一个具有独立的 DC/AC 逆变功能和 MPPT 功能的微型并网逆变器。微型并网逆变器特别适合应用于 1 kW 以内的小型光伏发电系统,如光伏建筑一体化玻璃幕墙等。用微型并网逆变器构成的光伏发电系统更为高效、可靠、智能,在光伏发电系统的运行寿命期内,与应用其他逆变器的光伏发电系统相比，发电量最高可提高25%。

图5.13 微型并网逆变器

微型并网逆变器有效地克服了集中式逆变器的缺陷以及组串式逆变器的不足，并具有下列一些特点：

(1) 对应用环境适应性强。

(2) 发电量最大化。微型并网逆变器针对每个单独组件做MPPT，可以从各组件分别获得最高功率，发电总量最多可提高25%。

(3) 能快速诊断和解决问题。用微型并网逆变器构成的光伏发电系统采用电力载波技术，可以实时监控光伏发电系统中每一块组件的工作状况和发电性能。

(4) 几乎不用直流电缆，但交流侧需要较多的布线成本和费用。

(5) 避免单点故障。

(6) 施工安装快捷、简便、安全。不用对光伏组件挑选匹配，使安装时间和成本都降低15%～25%，还可以随时对系统做灵活变更和扩容。

(7) 微型并网逆变器内部主电路采用了谐振式软开关技术，开关频率最高达几百千赫，开关损耗小，变换效率高。同时采用体积小、重量轻的高频变压器实现电气隔离及功率变换，功率密度高，实现了高效率、高功率密度和高可靠性的需要。

5.2.3.5 双向并网逆变器

双向并网逆变器是既可以将直流电变换成交流电，也可以将交流电变换成直流电的逆变器。双向并网逆变器主要控制蓄电池组的充电和放电，同时是系统的中心控制设备。双向并网逆变器可以应用到有蓄电功能要求的并网发电系统，蓄电系统用于对应急负载和重要负载的临时供电。它又可以和组串式逆变器结合构成独立运行的光伏发电系统。图 5.14 所示是双向并网逆变器的原理及应用。

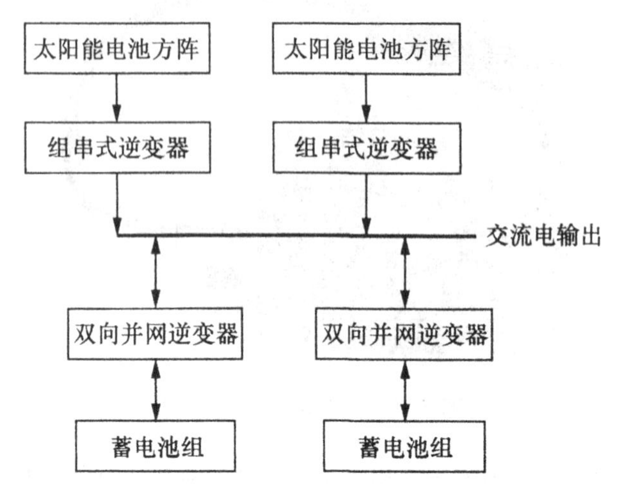

图 5.14 双向并网逆变器的原理及应用

双向并网逆变器由蓄电池组供电，将直流电变换为交流电，在交流总线上建立起电网。组串式逆变器自动检测太阳能电池方阵是否有足够能量，检测交流电网是否满足并网发电条件，当条件满足后进入并网发电模式，向交流总线馈电，系统启动完成。系统正常工作后，双向并网逆变器检测负载用电情况，组串式逆变器馈入电网的电能首先供负载使用。如果还有剩余的电能，双向并网逆变器可以将其变换为直流电给蓄电池组充电；如果组串式逆变器馈入的电能不够负载使用，双向并网逆变器又将蓄电池组供给的直流电变换为交流电馈入交流总线供负载使用。以此为基本单元组成的模块化结构的分散式独立供电系统还可与其他电网并网。

5.3 光伏逆变器的性能特点与技术参数

离网型逆变器的主要性能特点如图 5.15 所示。

并网型逆变器的主要性能特点如图 5.16 所示。

在光伏系统中，光伏逆变器的技术指标及参数主要受蓄电池及负载的影响，其主要技术参数如图 5.17 所示。

离网型逆变器的主要性能
- 采用16位单片机或32位微处理器进行控制
- 采用数码或液晶显示各种运行参数，可灵活设置各种定值参数
- 方波、修正波、正弦波输出。纯正弦波输出时，波形失真率一般小于5%
- 稳压精度高，额定负载状态下，输出精度一般不大于±3%
- 太阳能充电采用PWM控制模式，大大提高了充电效率
- 配备标准的RS-232/485通信接口，便于远程通信和控制
- 高频变压器隔离，体积小、重量轻
- 可在海拔5500 m以上的环境中使用。适应环境温度范围为-20~50℃
- 具有缓启动功能，避免对蓄电池和负载的大电流冲击
- 具有多种保护功能
  - 输入接反保护
  - 输入欠电压保护
  - 输入过电压保护
  - 输出过电压保护
  - 输出过载保护
  - 输出短路保护
  - 过热保护

图 5.15　离网型逆变器的主要性能特点

并网型逆变器的主要性能
- 采用MPPT自寻优技术实现太阳能电池最大功率跟踪功能，最大限度地提高系统的发电量
- 液晶显示各种运行参数，人性化界面，可通过按键灵活设置各种运行参数
- 功率开关器件采用新型IPM，大大提高了系统效率
- 具有完善的保护电路，系统可靠性高
- 设置有多种通信接口可以选择，可方便地实现上位机监控
- 可实现多台逆变器并联组合运行，简化光伏发电站设计，使系统能够平滑扩容
- 具有较宽的直流电压输入范围
- 具有电网保护装置，具有防孤岛保护功能

图 5.16　并网型逆变器的主要性能特点

光伏逆变器的主要技术参数

- 负载功率因数：表示逆变器带感性负载或容性负载的能力，在正弦波条件下负载功率因数为0.7~0.9，额定值为0.9
- 额定输出电压：光伏逆变器在规定的输入直流电压允许的波动范围内，应能输出额定的电压值。一般额定输出电压为单相220 V和三相380 V
- 额定输出电流：指在规定的负载功率因数范围内逆变器的额定输出电流，单位是A
- 额定输出容量：指当输出功率因数为1（即纯电阻性负载）时，逆变器额定输出电压和额定输出电流的乘积，单位是kV·A或kW
- 额定输出效率：指在规定的工作条件下，输出功率与输入功率之比，以百分数表示。一般情况下，光伏逆变器的标称效率是指纯电阻性负载、80%负载情况下的效率
- 过载能力：要求逆变器在特定的输出功率条件下能持续工作一定的时间，其标准规定
  - 输入电压与输出功率为额定值时，逆变器应连续可靠工作4 h以上
  - 输入电压与输出功率为额定值时，逆变器应连续可靠工作1 min以上
  - 输入电压与输出功率为额定值时，逆变器应连续可靠工作1 s以上
- 额定直流输入电流：指太阳能光伏发电系统为逆变器提供的额定直流工作电流
- 额定直流输入电压：指光伏发电系统中输入逆变器的直流电压
- 光伏逆变器直流输入电压允许在额定直流输入电压的90%~120%范围内变化，而不影响输出电压的变化

图 5.17　光伏逆变器的主要技术参数

第6章　光伏发电系统的控制

光伏系统无论是大是小，是简是繁，控制器是其不可缺失的一部分。不同于一般电气、电源系统，光伏发电系统因其自身的使用场合、发电特性而对控制器有很多特殊要求。随着光伏并网发电系统的不断发展和广泛应用，如何提高其发电效率及并网电流质量也成为近年来研究的热点问题。本章所要讨论的光伏发电系统控制技术主要包括太阳能跟踪控制、最大功率点跟踪控制和孤岛效应及检测等内容。

6.1　光伏系统控制概述

光伏控制系统虽然仅是整个光伏系统的一个构成部分，但是却起着至关重要的作用。控制系统是整个光伏发电系统的“大脑”，控制着光伏发电系统从吸收太阳能到转换为电能最终将电能分配供给负载使用的整个过程。光伏控制系统可以通过闭环控制实现光伏发电系统工作在安全、稳定的状态下，还可以通过一定的软件控制实现光伏系统的最大功率输出。一个合理高效的光伏控制系统，不仅能够提高太阳能的利用效率，还能降低发电成本。因此，光伏系统控制器应具有如下的功能：对太阳能的最大功率点进行跟踪，对太阳方位和高度进行跟踪，对蓄电池充放电的控制，对蓄电池进行保护以及对太阳能电池进行保护等。

典型光伏发电系统如图6.1所示，该图中包括三大部分。左上角为太阳能电池方阵和环境参数数据采集设备。虚线以内的部分为室内装备，包括主监控台、直流控制和交流控制及蓄电池组，最下面是用电负载用户。

这里讨论的光伏系统控制的功能主要有三个方面内容，即充、放电控制，负载控制及系统控制。

如图6.2所示为铅酸蓄电池放电特性曲线。分三个阶段：开始(OE)阶段，电压下降较快；中期(EG)阶段，电压缓慢下降，延续较长时间到G点后，放电电压急剧下降。图中K点标志蓄电池已接近放电终了，应立即停止放电，否则将给蓄电池带来不可逆转的损坏。

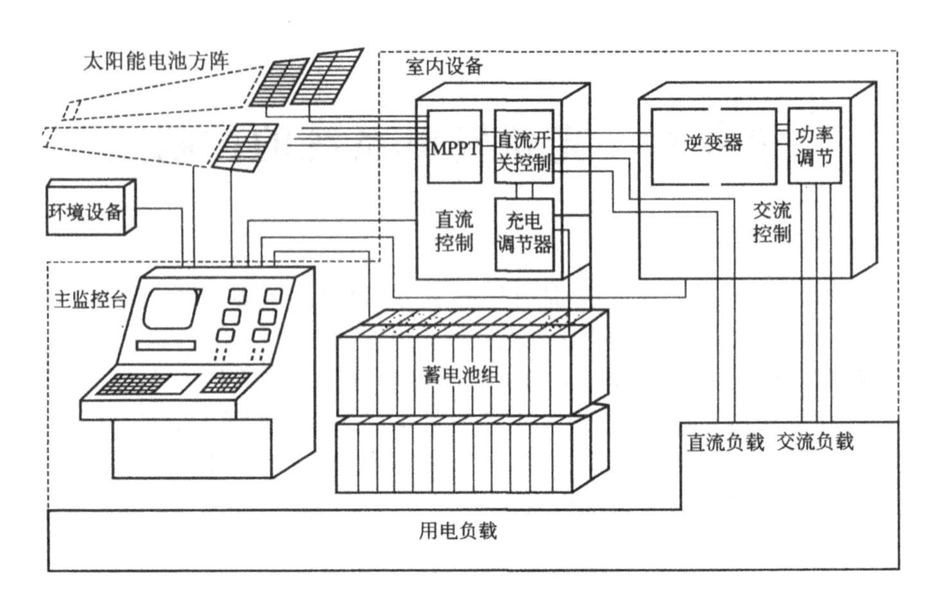

图 6.1 典型光伏发电系统

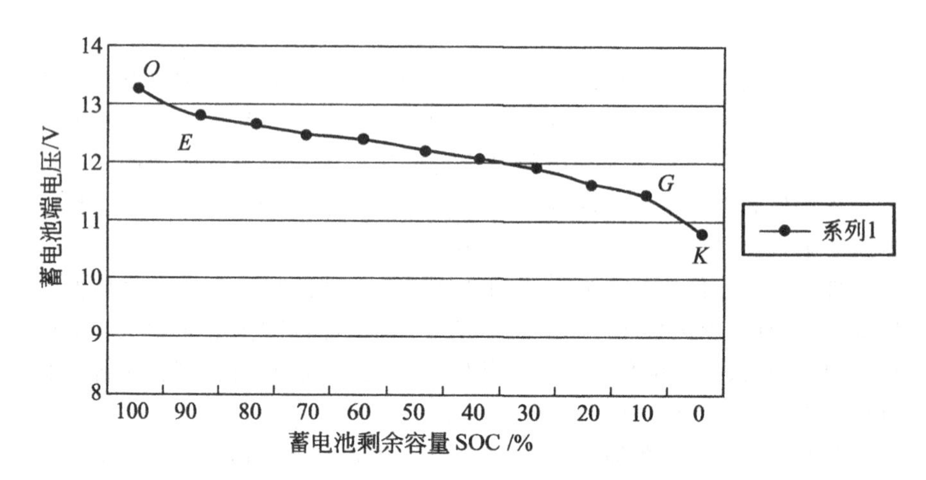

图 6.2 铅酸蓄电池放电特性曲线

光伏发电系统的负载控制主要有三方面的内容。

(1) 负载电压调节。蓄电池的充电电压和工作电压有很大的波动范围,目的是为了对太阳能电池发出的电能加以充分利用,为此,光伏发电系统的负载就会对其电源有一定的波动范围要求。最简单的负载电压调节方法是在负载主回路串入降压二极管,蓄电池电压越高,串入的二极管数越多,最终保持电源输出电压满足负载要求。

（2）逆变控制。光伏发电系统的发电、充电都是直流电，而现今社会大多用电设备都要求交流供电，这时候系统就必须具有逆变控制，使直流电变成交流电，然后再向负载供电。实现逆变控制既可以由中央控制器来完成，也可由专门设计的专用设备来实现。完成逆变控制的专用功率电子设备即为逆变器。

（3）负载量的控制。多数独立运行的光伏发电系统在设计之初只考虑当时的负载情况，而当负载用电器增加、负荷量增大时就会造成原系统设计供电量的不足，这时候就会导致系统停止或部分停止供电，因此需要进行负载量的调节控制，去掉或减少不重要的负载，保障主要的负载对象正常工作。当遇到连续阴雨导致蓄电池亏空时同样如此。

通过负载量控制还可以实现对太阳能电池发出电能的充分利用。系统的负载量控制还有一个方面的内容，即对负载状态的时间控制。这里所说的时间为启动时间控制和电力调度。启动时间控制能够保证多种类型负载的顺利启动，避免瞬间功率过高造成系统瞬时过载。电力调度可以实现全天负载量均衡用电。

不同系统的系统控制千差万别，带微处理器系统中央控制器能够轻松实现各种控制功能，还能在不增加任何硬件成本的情况下对最初设计进行开发、调整和完善。一个较完善的独立运行光伏发电系统，还应包括以下类型的控制。

（1）系统数据采集和输出。数据采集、存储和输出功能是验证光伏发电系统设计是否合理、运行是否正常的一项重要功能。

（2）系统检测。其包括太阳能电池方阵检测、自测试功能等。

（3）太阳能电池跟踪架控制。使太阳能电池方阵始终能保持在最大受光面积，更加节省电池板投资。

太阳能电池跟踪架的控制方法要有以下两种：

a. 实时控制。通过太阳光方位传感器实时检测太阳光线与太阳能电池板法线的夹角，保证电池板正对太阳。优点是控制功耗较低。

b. 程序控制。将某地每年、每月、每日、每时太阳在空中的位置，以坐标形式列表输入计算机，控制器可根据自身所带日历时钟驱动电机带动跟踪架转向太阳并自动保持与太阳同步运转。优点是简单可靠，一经调试完成便可长期可靠运行。

（4）备用电源切换控制。光伏发电系统一次性投资较大。为节省开支，通常系统供电保障率以外的能源亏损由备用电源弥补。系统的控制器在检测到蓄电池亏空时会自动启动备用电源或提示报警，提示工作人员对蓄电池进行充电，同时将负载回路切换到备用电源上来，保证负载正常工作。

(5) 故障报警控制、故障运行控制。控制器的预警报和无线报警等功能能够及时发送系统运行情况和运行参数,一旦出现问题能够及时发现并派人赴现场处理或进行遥控。完善的检测警报系统对于降低故障率和减小损失具有重要意义。故障运行功能则有利于保障系统负载在最大限度内充分利用太阳能并达到最大限度地可靠工作。

(6) 系统保护控制。

6.2 蓄电池分组控制策略

在太阳能光伏发电系统的发展过程中,能量利用的效率是逐渐提高的。为了加强对蓄电池的充、放电管理,同时提高对负荷的供电可靠性,可以对太阳能光伏发电系统中的蓄电池进行分组管理。

6.2.1 分组策略

之所以要变成多个容量较小的蓄电池组,有以下几个原因:

(1) 提高充电电流,有效地利用太阳能电池阵列的能量,减小长期的小电流放电和小电流充电对蓄电池带来的不良影响。

(2) 蓄电池在大电流放电后的接受电流能力较强,因此分组可以适当提高蓄电池的充电效率。

(3) 分组能够对蓄电池组进行维护性充电,在光照条件和蓄电池容量允许的条件下对蓄电池进行维护性的均衡充电,适当的过充能够避免蓄电池电解液的分层。

(4) 能够在充电的同时又为重要负载供电。

6.2.2 分组管理的原则

蓄电池分组要考虑整个系统的设计容量,综合考虑太阳能光伏方阵在最大太阳辐射下的最大输出电流与蓄电池组的最大可充电电流的关系,分组应遵循如下原则:

(1) 分组要考虑太阳能光伏方阵最大输出电流要小于蓄电池组的最大可充电电流。主要是针对蓄电池的荷电状态较低时的充电接受能力而言,可接受的充电电流稍微大于太阳能光伏方阵的最大输出电流。

(2) 分组要考虑系统中负载的大小，放电电流在厂家规定的放电率附近，以一个工作日放电容量占蓄电池小组容量的20%左右为宜。

(3) 分组要考虑控制系统的设计与实现，不宜太多，一般不超过3组，以组为宜。

6.2.3　分组控制电路的结构

以分两组为例，系统的控制策略如图6.3所示。

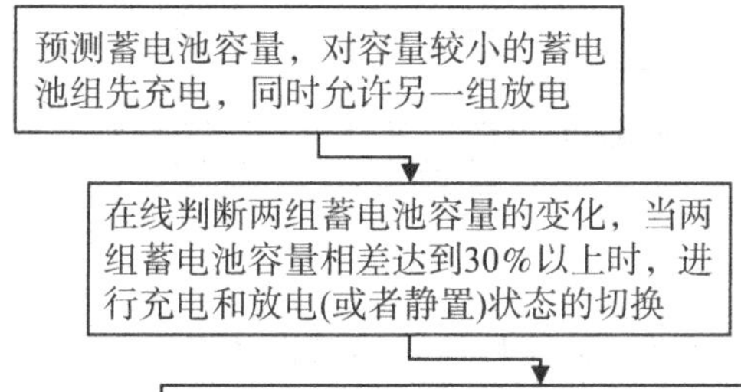

图6.3　分组控制电路的控制策略

分组控制电路结构如图6.4所示。图中，KM_1、KM_2、KM_3、KM_4 为充放电控制继电器，分组控制电路主要是实现图6.3提出的控制策略，选择电压和电流满足要求的继电器可以实现控制要求。

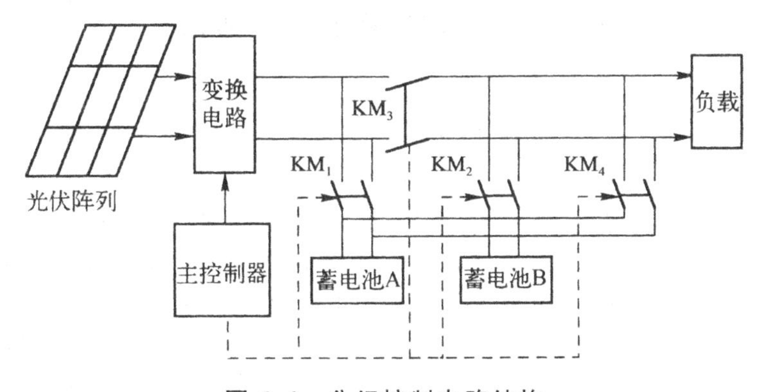

图6.4　分组控制电路结构

以上控制系统的优势是能够考虑所有的工作情况，对于千瓦级的太阳能光伏发电系统效果较好，最大的不足在于控制复杂。对于容量较小的太阳能光伏发电系统,可进行电路的简化,简化后电路的工作状态如图 6.5 所示,简化后电路的分组充放电控制继电器指令见表 6.1。在实际的系统中,应该结合系统的实际设计容量和负载的要求,具体选择合理的控制方案。分组控制策略在实际的控制中很容易实现。

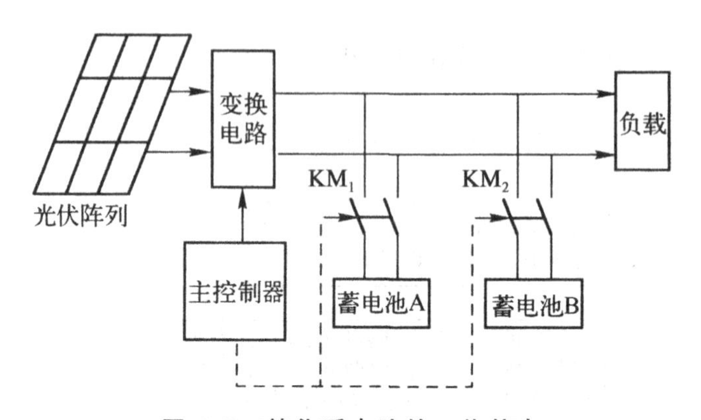

图 6.5　简化后电路的工作状态

表 6.1　简化后电路的分组充、放电控制继电器指令

电路状态	KM_1	KM_2
A 组充电或者放电,B 组静置	合	分
A 组静置,B 组充电或者放电	分	合

6.3　最大功率跟踪控制器

在太阳能光伏发电系统中,光伏电池组件是最基本的构成部分。若要提高整个光伏系统的效率必须要提高光伏电池的转换效率,因此希望光伏电池工作在最大功率点上,最大限度地将光能转化为电能。为了充分地运用太阳能,通过一定的控制方法,实现太阳能电池组件的最大功率输出称为最大功率点跟踪(maximum power point tracking,MPPT)控制。

光伏电池最大功率点跟踪控制实际上是通过光伏电池的输出端口电压的控制来实现最大功率的输出。MPPT 控制实质上是一个自动寻优的过程,通过在光伏电池和负载之间加入阻抗变换器,控制光伏电池端电压,使变换后的工作点正好和光伏电池的最大功率点重合。在特定日照强度和温度条件下,光伏电池具有唯一的最大输出功率点,而光伏电池只有工作在最大功率点才能使其输出的有功功率最大。

图 6.6 中，取不同负载，即 $R_1<R_2<R_3$。当负载为 R_1 时，光伏电池阵列工作在 A 点；负载为 R_2 时，光伏电池阵列工作在 B 点；负载为 R_3 时，光伏电池阵列工作在 C 点。点 B 对应光伏电池阵列的最大功率点。由此可知，为能使光伏电池阵列工作在最大功率点，负载电阻必须为 R_2。在一定日照强度和温度条件下，根据戴维南定理，光伏电池阵列工作的等效电路如图 6.7 所示。

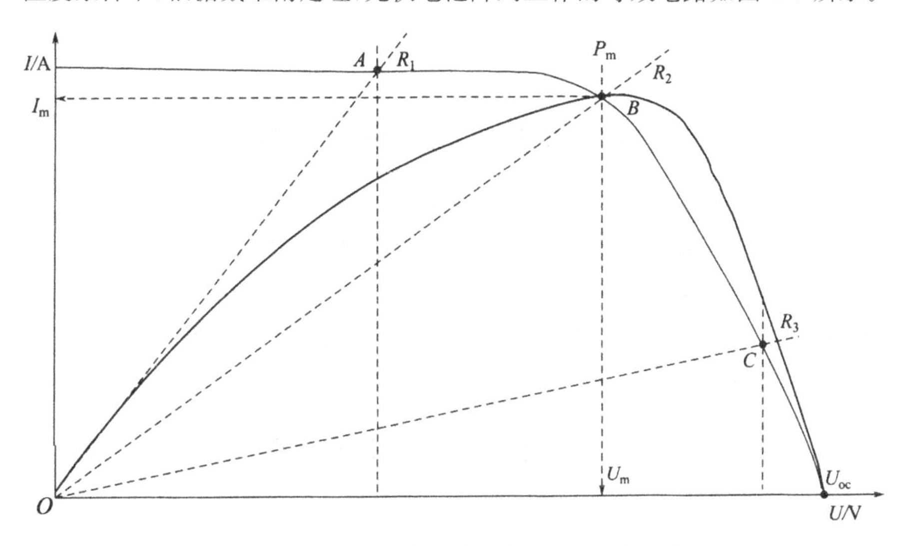

图 6.6　不同负载时太阳能电池工作特性

为使系统带任意电阻负载时，光伏电池阵列都能工作在最大功率点，必须在负载和光伏电池阵列之间加入一个阻抗变换器。调节阻抗变换器，使负载电阻与等效内阻相匹配，光伏电池阵列输出功率最大，其简化示意图如图 6.8 所示。

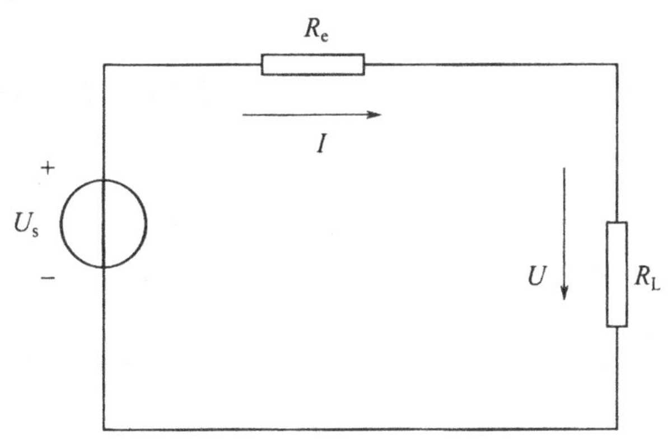

图 6.7　接任意负载时的等效电路

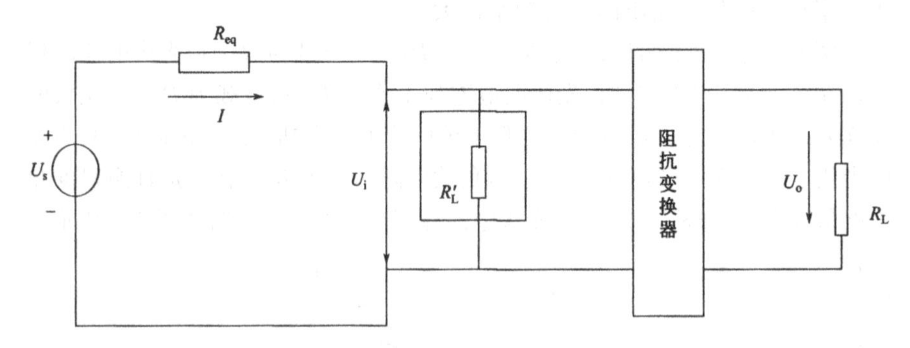

图 6.8　带阻抗变换器的等效电路

设阻抗变换器的效率为 1，其变比 $K=U_i/U_o$，可以得出 $R'_L=K^2R_L$，为了使光伏电池阵列工作在最大功率点上，必须调节变比 K 使得 $R'_L=R_{eq}$，从而实现最大功率输出。光伏发电系统中的阻抗变换器一般采用调节变换器开关管的占空比来调节变比 K，从而实现光伏电池阵列 MPPT 控制。

6.4　逆变器控制技术

逆变器是并网光伏发电系统的核心部件和技术关键，直接关系到系统的输出电能质量和运行效率。并网逆变器与离网逆变器的不同之处在于，它不仅可以将太阳能电池方阵发出的直流电转换为交流电，而且还可以对转换的交流电的频率、电压、电流、相位、有功功率和无功功率、同步、电能品质（电压波动、高次谐波）等进行控制。对电网的跟踪控制是这个逆变系统的控制核心。

6.4.1　SPWM（Sinusoidal Pulse Width Modulation）控制技术

采样控制理论中有一个重要结论是冲量相等而形状不同的窄脉冲加在具有惯性的环节上时，其效果基本相同，如图 6.9 所示。PWM 控制技术就是以该结论为理论基础，对半导体开关器件的导通和关断进行控制，使输出端得到一系列幅值相等而宽度不相等的脉冲，用这些脉冲来代替正弦波或其他所需要的波形。按一定的规则对各脉冲的宽度进行调制，既可改变逆变电路输出电压的大小，也可以改变输出频率。

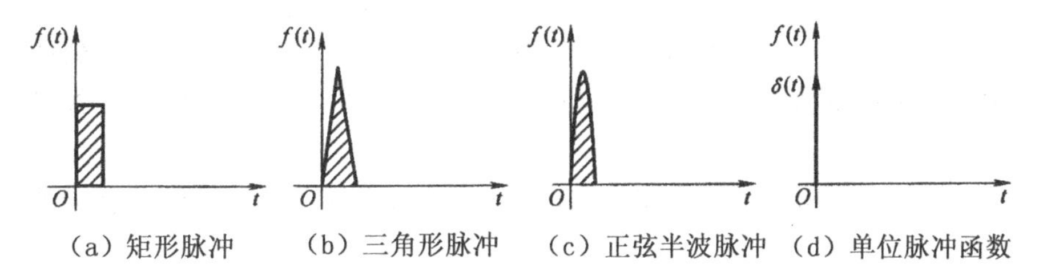

（a）矩形脉冲　（b）三角形脉冲　（c）正弦半波脉冲　（d）单位脉冲函数

图 6.9　形状不同而冲量相同的各种窄脉冲

如果把一个正弦半波分成 N 等份，然后把每一等份的正弦曲线与横轴包围的面积用与它等面积的等高而不等宽的矩形脉冲代替，矩形脉冲的中点与正弦波每一等份的中点重合。根据冲量相等，效果相同的原理，这样的一系列的矩形脉冲与正弦半波是等效的，对于正弦波的负半周也可以用同样的方法得到 PWM 波形。像这样的脉冲宽度按正弦规律变化而又和正弦波等效的 PWM 波形就是 SPWM 波，如图 6.10 所示。

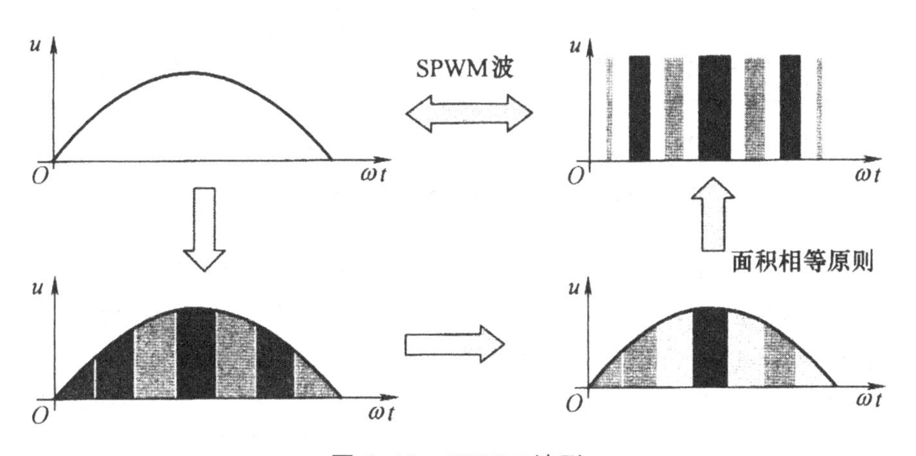

图 6.10　SPWM 波形

以正弦波作为逆变器输出的期望波形，以频率比期望波形高得多的等腰三角形波作为载波，并用频率和期望波形相同的正弦波作为调制波，当调制波与载波相交时，由它们的交点确定逆变器开关器件的通断时刻，从而获得在正弦调制波的半个周期内呈两边窄中间宽的一系列等幅不等宽的矩形波。

从调制脉冲的极性上看，SPWM 波形可以分为单极式和双极式两种。

6.4.1.1　单极式 SPWM 控制

载波比：载波频率 f_c 与调制信号频率 f_r 之比，即 $N=f_c/f_r$。

调制比：正弦波幅值与三角波幅值之比，即 $M=U_{rm}/U_{cm}$。

在调制波的半个周期内，三角载波只在一个方向变化，调制得到的SPWM波形也只在一个方向变化，这种控制方式称为单极性SPWM控制方式。

单相桥式SPWM逆变电路如图6.11(a)所示，电路采用图6.11(b)所示的单极式SPWM脉冲控制方式。载波信号 U_c 在信号波正半周为正极性的三角形波，在负半周为负极性的三角形波，调制信号 U_r 和载波 U_c 的交点时刻控制逆变器开关器件的通断。

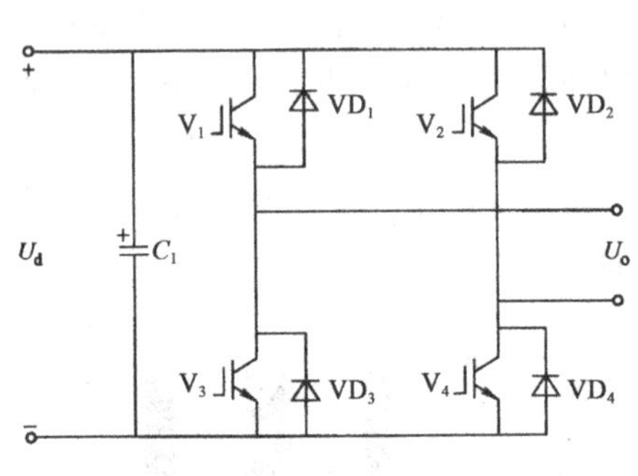

(a) 单相桥式SPWM逆变电路

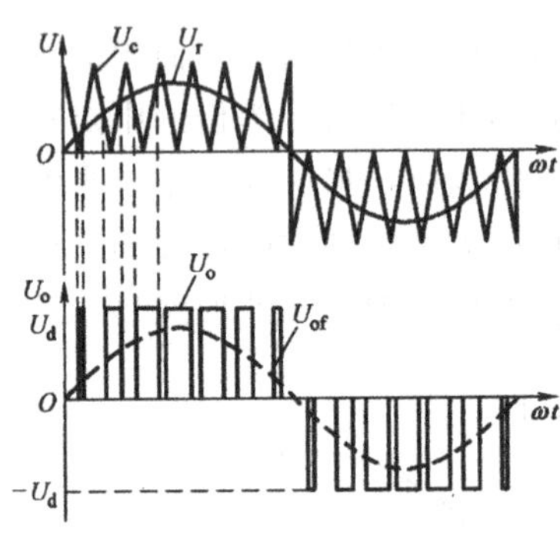

(b) 单极式SPWM脉冲控制方式

图6.11 单极式SPWM电路及控制方式

在 U_r 的正半周，V_1 保持导通，V_3 保持关断，V_2 和 V_4 交替通断。当 $U_r>U_c$ 时，使 V_4 导通，V_2 关断，负载电压 $U_o=U_d$；当 $U_r\leqslant U_c$ 时，使 V_4 关断，V_2 导通，负载电压 $U_o=0$。负载电压 U_o 可得 U_d 和零两种电平。

在 U_r 的负半周，V_3 保持导通，V_1 保持关断，V_2 和 V_4 交替通断。当 $U_r<U_c$ 时，使 V_2 导通，V_4 关断，负载电压 $U_o=-U_d$；当 $U_r\geqslant U_c$ 时，使 V_4 导通，V_2 关断，负载电压 $U_o=0$。负载电压 U_o 可得 $-U_d$ 和零两种电平。

调节调制信号 U_r 的幅值可以使输出调制脉冲宽度做相应的变化，这能改变逆变器输出电压的基波幅值，从而实现对输出电压的平滑调节；改变调制信号 U_r 的频率则可以改变输出电压的频率。

6.4.1.2 双极式SPWM控制方式

在调制波的半个周期内，三角形载波是正负两个方向变化，所得到的SPWM波形也是在正负两个方向变化，这种控制方式称为双极性SPWM控制方式。单相桥式SPWM逆变电路如图6.12(a)所示，同样的电路采用双极式SPWM脉冲控制方式波形如图6.12(b)所示。

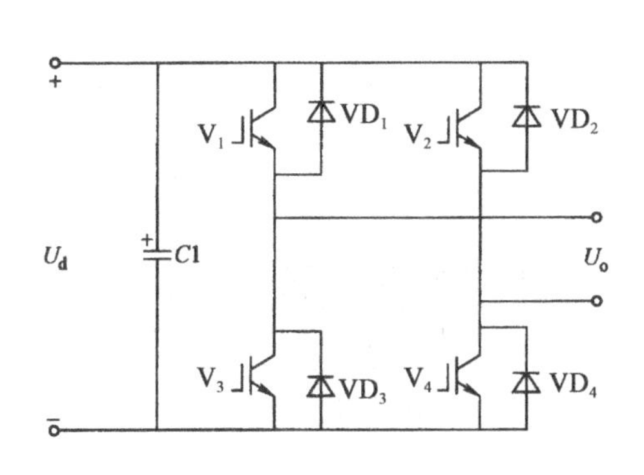

(a) 单相桥式SPWM逆变电路

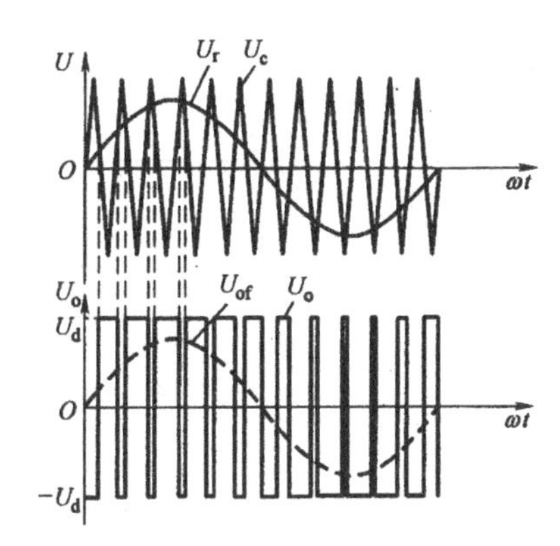

(b) 双极式SPWM脉冲控制方式

图6.12　双极式SPWM电路及控制方式

在U_r的正负半周内，在调制信号U_r和载波信号U_c的交点时刻控制各开关器件的通断。当$U_r>U_c$时，使晶体管V_1、V_4导通，使V_2、V_3关断，此时，$U_o=U_d$；当$U_r<U_c$时，使晶体管V_2、V_3导通，使V_1、V_4关断，此时，$U_o=-U_d$。

在U_r的一个周期内，PWM输出只有$\pm U_d$两种电平。逆变电路同一相上下两臂的驱动信号是互补的。在实际应用时，为了防止上下两个桥臂同时导通而造成短路，在给一个臂施加关断信号后，再延迟Δt的时间，再给另一个臂施加导通信号。延迟时间的长短取决于功率开关器件的关断时间。需要指出的是，这个延迟时间将会给输出的电压波形带来不利影响，使其偏离正弦波。

6.4.2　孤岛效应

所有并网逆变器必须具有防孤岛效应的功能。孤岛效应是指当电网因故障事故或停电检修而断电情况下，各个用户端的太阳能并网发电系统未能及时检测出停电状态而将自身切离市电，形成由太阳能并网发电系统和周围负载形成的一个电力公司无法掌握的自给供电孤岛，如图6.13所示。

从用电安全和电能质量来考虑，孤岛效应是不允许出现的。孤岛效应发生时必须快速、准确地切断并网逆变器。孤岛效应发生的充要条件如图6.14所示。

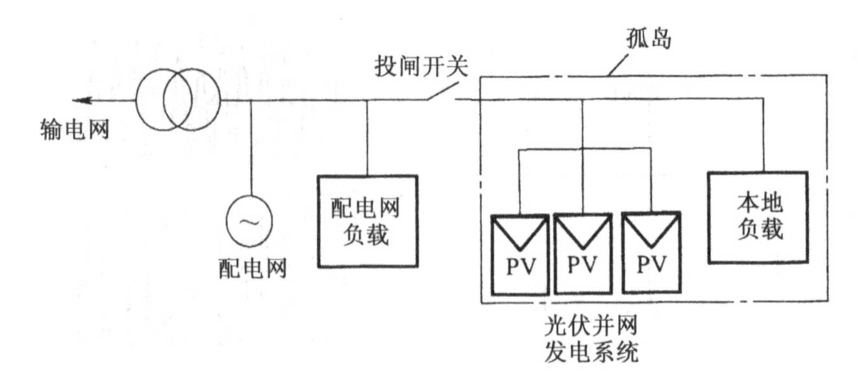

图 6.13 孤岛效应示意图

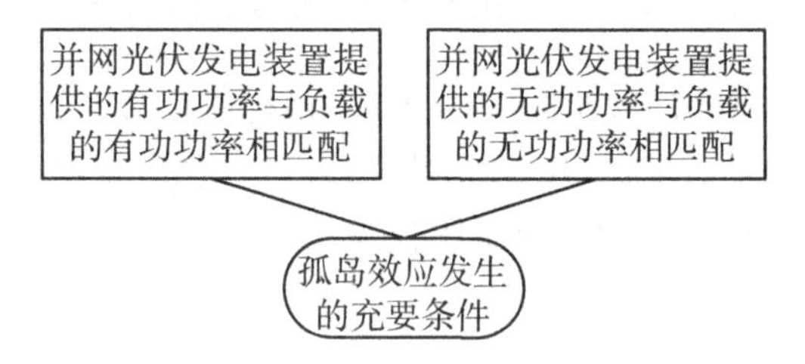

图 6.14 孤岛效应发生的充要条件

彻底解决电源和负载完全匹配状态下非计划孤岛的发生,比较有效的解决办法是使用带有防孤岛保护程序的逆变器,该逆变器能在失去公共电网控制的情况下测量有效参数或能主动使孤岛失去平衡。

孤岛效应的检测方法一般分为两类,即被动检测法和主动检测法。

6.4.2.1 被动检测法

被动式孤岛效应检测方法的工作原理是指根据电网断电时逆变器输出电压、频率的改变判断出是否发生孤岛效应。当电网发生故障时,除逆变器的输出电压、输出频率外,其输出电压的相位、谐波均会发生变化。因此被动式孤岛效应检测法可以对逆变器上述输出的变化进行检测以判断电网是否发生故障,但若光伏系统输出功率与局部负载功率平衡,则被动式检测方法将失去检测能力。

(1) 电压、频率检测。电压、频率检测法是在公共耦合点的电压幅值和频率超过正常范围时,停止逆变器并网运行的一种检测方法。光伏并网发电系统并网运行过程中,除了要防止孤岛效应的发生,还要保证逆变器输出电压与电网同步,因此对电网电压幅值、频率要不断进行检测,以防止出现过压、欠压、过频或欠频等故障，所以对电压、频率进行检测的被动式孤岛检测方法只需利用已有的检测参数进行判断，不需增加检测电路。该方法最大的缺点在于逆变器输出功率与负载功率平衡时，电网断电后逆变器输出端电压和频率均保持不变，从而出现孤岛检测的漏判。

(2) 相位检测。逆变器输出电压相位检测方法原理与电压、频率检测方法相似：电网出现故障时，光伏发电系统逆变器所带的负载阻抗会发生变化，导致电网故障前后逆变器输出电压和输出电流相位发生变化，系统根据相位的变化情况即可判断电网是否出现故障。

由于电网中感性负载较普遍，因此该方法在孤岛效应检测中的效果优于电压、频率检测方法。但是当负载为阻性负载或电网断电前后负载阻抗特性保持不变时，该方法就失去了孤岛检测能力。

(3) 谐波检测。谐波检测方法是指当电网出现故障停止工作时，由于失去了电网的平衡作用，光伏发电系统输出电流在经过变压器等非线性设备时将会产生大量的谐波，根据谐波的变化情况便可判断电网是否处于故障状态。实验研究及实际应用表明：该方法具有良好的检测效果，但是由于目前电网中存在大量的非线性设备，谐波变化复杂，因此很难确定一个统一的用于孤岛效应检测的谐波标准。

上述三种方法是目前较为常用的被动式孤岛检测方法，在实际光伏系统中均有一定的应用，但是由于被动式孤岛检测方法对逆变器输出功率与负载功率是否匹配有较高的要求，因此存在较大的检测盲区。

6.4.2.2　主动检测法

孤岛效应主动检测法是指在逆变器运行过程中，控制其使之输出存在周期性扰动。电网正常时，因电网的平衡作用逆变器的输出仍和电网保持一致，扰动量不起作用；电网发生故障时，这些扰动量逐步累计直至超过并网标准规定的范围，从而检测出电网发生故障。目前主动检测法主要有三种：逆变器输出功率扰动法、逆变器输出电压频率扰动法和滑模频率偏移检测法。

(1) 逆变器输出功率扰动法。输出功率扰动法是通过对逆变器输出功率的控制，使光伏发电系统输出的有功功率发生周期性变化。当孤岛效应发生时，逆变器输出端电压由于功率扰动出现电压变化，从而反映出孤岛效应发生与否。实际应用中，为尽量减少该方法对逆变器输出功率的影响，通常在 N 个工频周期中控制逆变器使其在一个或半个周波区间输出的功率低于正常值或为零。

随着光伏发电的发展,局部电网中光伏并网发电系统的数目会越来越多,在这种情况下孤岛效应发生时功率扰动对逆变器输出电压的影响会变弱进而影响检测结果。另外,如果电网内存在较大的非线性负载,当电网停止工作时非线性负载会向负载供电,这样便减弱了功率扰动法对孤岛效应的检测效果。

(2) 逆变器输出电压频率扰动法。与逆变器输出功率扰动法相比对逆变器电压的输出频率进行扰动是一种更为有效的孤岛效应检测方法。有源频率偏移法(Active Frequency Drift,AFD)是目前一种常见的输出频率扰动孤岛效应检测方法。

有源频率偏移法的工作原理:通过偏移耦合点处电网电压采样信号的频率,造成对负载端电压频率的扰动。如果在正常情况下,锁相环的作用是控制频率误差在较小范围内,而当电网出现故障时,锁相环失效,逆变器频率发生变化,而扰动加入使误差增加,积累到一定范围就会由被动法检测出来。

主动频率偏移法因为扰动方向固定,可能会因为负载的性质而对该方法有抵消的影响。例如,容性负载较阻性低,而感性负载较阻性高,故若扰动方向刚好与负载阻抗特性相抵消,则可能会让扰动无法积累。为了防止这种情况的发生,会采用正反馈的有源频率漂移法。通过比较前后两次频率的变化来动态地确定扰动的方向,如果频率是不断增加的,则扰动方向给正的,如果频率是不断减小的,则扰动方向给负的。

(3) 滑模频率偏移检测法。滑模频率漂移检测法(Slip Mode Frequency Shift,SMS)是一种主动式孤岛检测方法。它控制逆变器的输出电流,使其与公共点电压间存在一定的相位差,以期在电网失压后公共点的频率偏离正常范围而判别孤岛。正常情况下,逆变器相角响应曲线设计在系统频率附近的范围内,单位功率因数时逆变器相角比 RLC 负载增加得快。当逆变器与配电网并联运行时,配电网通过提供固定的参考相角和频率,使逆变器工作点稳定在工频。当孤岛形成后,如果逆变器输出电压频率有微小波动逆变器相位响应曲线会使相位误差增加,到达一个新的稳定状态点。新状态点的频率必会超出频率继电器的动作阀值,逆变器因频率误差而关闭。此检测方法实际是通过移相达到移频,与主动频率偏移法 AFD 一样有实现简单、无须额外硬件、孤岛检测可靠性高等优点,但它也有类似的弱点,即随着负载品质因数增加,孤岛检测失败的可能性变大。

综上所述,主动检测法的优点是检测盲区小、检测速度快,但缺点也一样明显,就是对电能质量有一定的影响。

6.4.3 低电压穿越

低电压穿越(Low Voltage Ride Through，LVRT)最早是在风力发电系统中提出的，对于光伏发电系统是指当光伏电站并网点电压跌落的时候，光伏电站能够保持并网，甚至向电网提供一定的无功功率，支持电网恢复，直到电网电压恢复正常，从而穿越这个低电压区域。

LVRT是对并网光伏电站在电网出现电压跌落时仍保持并网的一种特定的运行功能要求。一般情况下，对于小规模的分布式光伏发电系统来说，如果电网发生故障导致电压跌落时，光伏电站立即从电网切除，而不考虑故障持续时间和严重程度，这在光伏发电在电网的渗透率较低时是可以接受的。而当光伏发电系统大规模集中并网时，若光伏电站仍采取被动保护式解列则会导致有功功率大量减少，增加整个系统的恢复难度，甚至可能加剧故障，引起其他机组的解列，导致大规模停电。在这种情况下，低电压穿越能力非常有必要。

对专门适用于大型光伏电站的中高压型逆变器应具备一定的耐受异常电压的能力，避免在电网电压异常时脱离，引起电网电源的不稳定。我国《光伏电站接入电网技术规定》对光伏发电系统低电压穿越提出如下要求，即光伏电站并网点电压跌至20%标称电压时，光伏发电站能够保证不脱网连续运行1 s；光伏电站并网点电压在发生跌落后3 s内能够恢复到标称电压的90%时，光伏电站能够保证不间断并网运行，如图6.15所示。

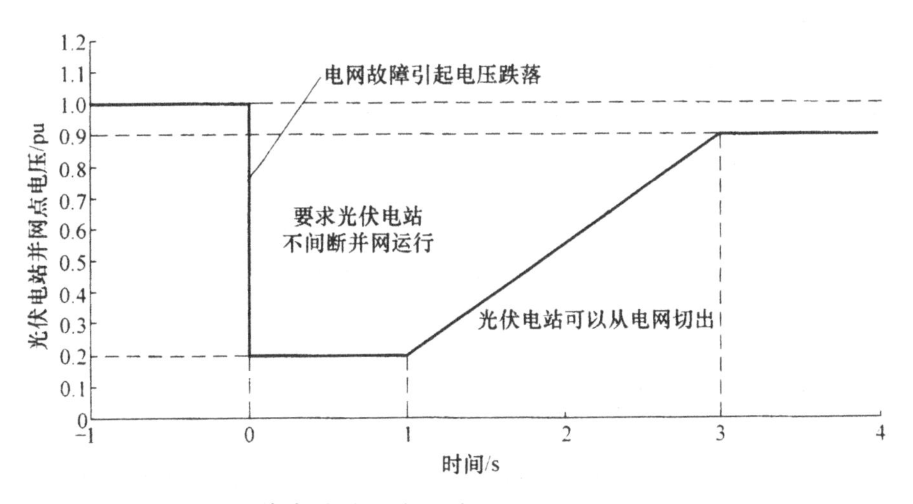

图6.15 光伏电站的低电压穿越能力要求(0.2 pu 1 s,3 s)

6.5 光伏控制系统案例分析

以太阳能路灯控制器为例进行分析说明。

理想的太阳能路灯控制器应具有下列功能：

(1) 电池组件及蓄电池反接保护。

(2) 负载过电流、短路及浪涌冲击保护。

(3) 蓄电池开路保护，过充电过电压保护，过放电欠电压保护。

(4) 线路防雷保护。

(5) 光控、时控、降功率控制功能。

(6) 各种工作状态显示功能。

(7) 夜间防反向放电保护。

(8) 环境温度补偿功能等。

下面的案例中，针对太阳能控制系统的特点，设计了一种基于PIC16F877单片机的智能控制器，提出了可行的太阳能电池最大功率点跟踪方法和合理的蓄电池充放电策略。该系统控制器具有电路结构简单、可靠性高、实用性强等优点。

6.5.1 太阳能路灯控制系统

太阳能路灯控制电路原理框图如图6.16所示，照明负载为LED光源，光伏组件为单晶硅太阳能电池板，蓄电池为阀控式密封铅酸蓄电池，虚线框即为所提出的控制器的主要部分。整个系统用Microchip的PIC16F877单片机实现控制，并利用单片机输出的PWM波控制Buck型降压电路来改变太阳能电池阵列的等效负载，实现太阳能电池的最大功率跟踪。VD_1为太阳能电池板防反接、反充二极管，采用快恢复二极管，C_1、C_2为滤波电容，V为场效应开关管，L为储能电感，VD_2为续流二极管。使用单片机作控制电路可使充电过程简单而高效。单片机的PWM控制系统具有光伏组件最大功率点跟踪能力，使光伏电池利用率提高。

6.5.2 控制器硬件设计

控制器是太阳能路灯控制系统的核心部分，关系到整个光伏系统的正常运行及工作效率。本案例中的智能控制器结构框图如图6.17所示。控制器的核心是PIC16F877,它是目前世界上片内集成外围模块最多、功能最强的单片机品种之一,是一种高性能的8位单片机。PIC16F877采用哈佛总线结构和RISC技术,指令执行效率高,功耗低,带有Flash程序存储器,同时配置5个端口、33个双向输入/输出引脚,内嵌8个10位数字量精度的A/D转换器,配有2个可实现脉宽调制波形输出的CCP模块。控制器主要的工作是白天实现太阳能电池板对蓄电池充电的控制,晚上实现蓄电池对负载放电的控制,具有光控功能,能够在白天和夜间自动切换。

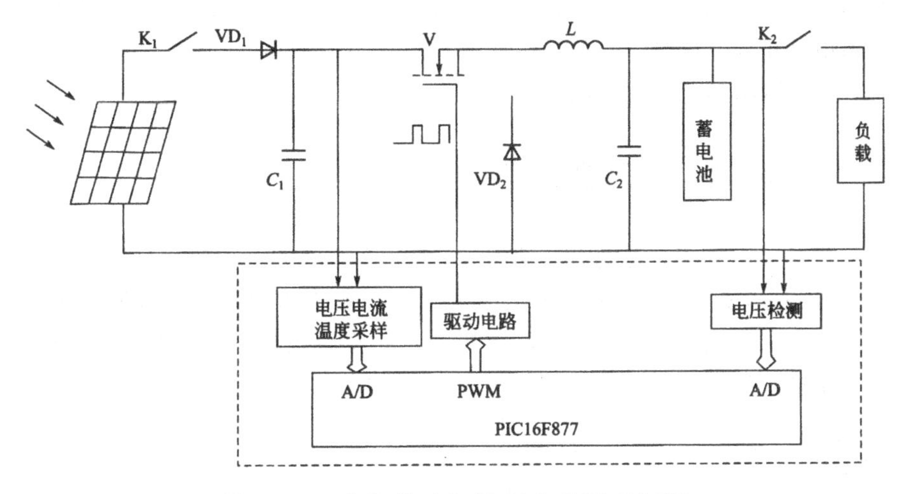

图6.16 太阳能路灯控制电路原理框图

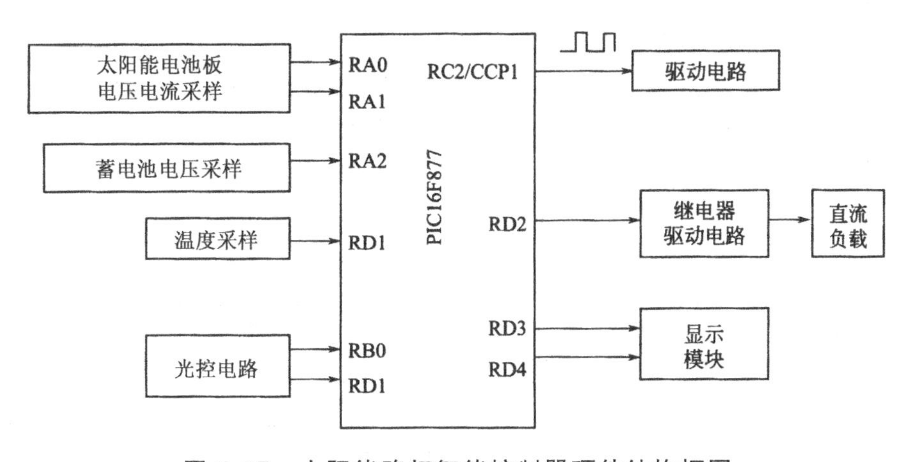

图6.17 太阳能路灯智能控制器硬件结构框图

控制器采集太阳能电池输出的电压电流,用以实现太阳能电池最大功率点MPPT的跟踪;采集蓄电池的端电压,防止蓄电池的过充及过放;采集温度,用以实现温度补偿。电压采集可用霍尔电压传感器或电阻分压法实现,电流采集可用霍尔电流传感器或分流器实现。

显示模块提示蓄电池过充、蓄电池欠压等显示功能,采用两个双色LED发光二极管(LED_1、LED_2)实现,分别显示充电和放电状态。当电压由低到高变化时,指示灯由红色到橙色到绿色渐变颜色显示电压高低。充电状态:当蓄电池电压低于13.0 V时,LED_1 显示为绿色;当蓄电池电压为13.4~14.4 V时,LED_1 显示为橙色;当蓄电池电压高于14.4 V时,LED_1 显示为红色。放电状态:当蓄电池电压低于11.0 V时,LED_2 显示为红色;当蓄电池电压为12.2~12.4 V时,LED_2 显示为橙色;当蓄电池电压高于12.4 V时,LED_2 显示为绿色。

6.5.3 蓄电池充放电策略

作为太阳能路灯照明系统储能用的蓄电池由于存在过放、过充、使用寿命短等问题,要选择合适的充放电策略。太阳能电池组件对蓄电池的充电分为快充、过充和浮充3个阶段(图6.18),每个阶段都有不同的充电要求。系统中的控制器采取综合使用各充电方法应用于3个阶段充电。

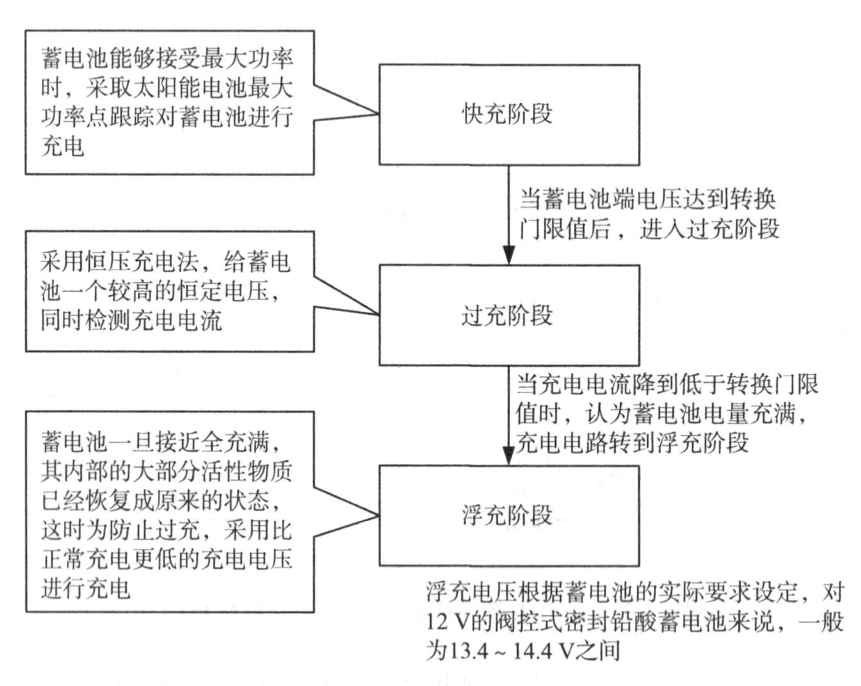

图6.18 充电的3个阶段

6.5.4　控制系统软件设计

控制器软件的主要任务：实现蓄电池的充电控制；完成电压、电流的采集、处理和计算，实现 MPPT 控制算法；实现蓄电池对负载的放电控制。控制系统软件采用模块化程序设计方法，其主程序流程如图 6.19 所示。

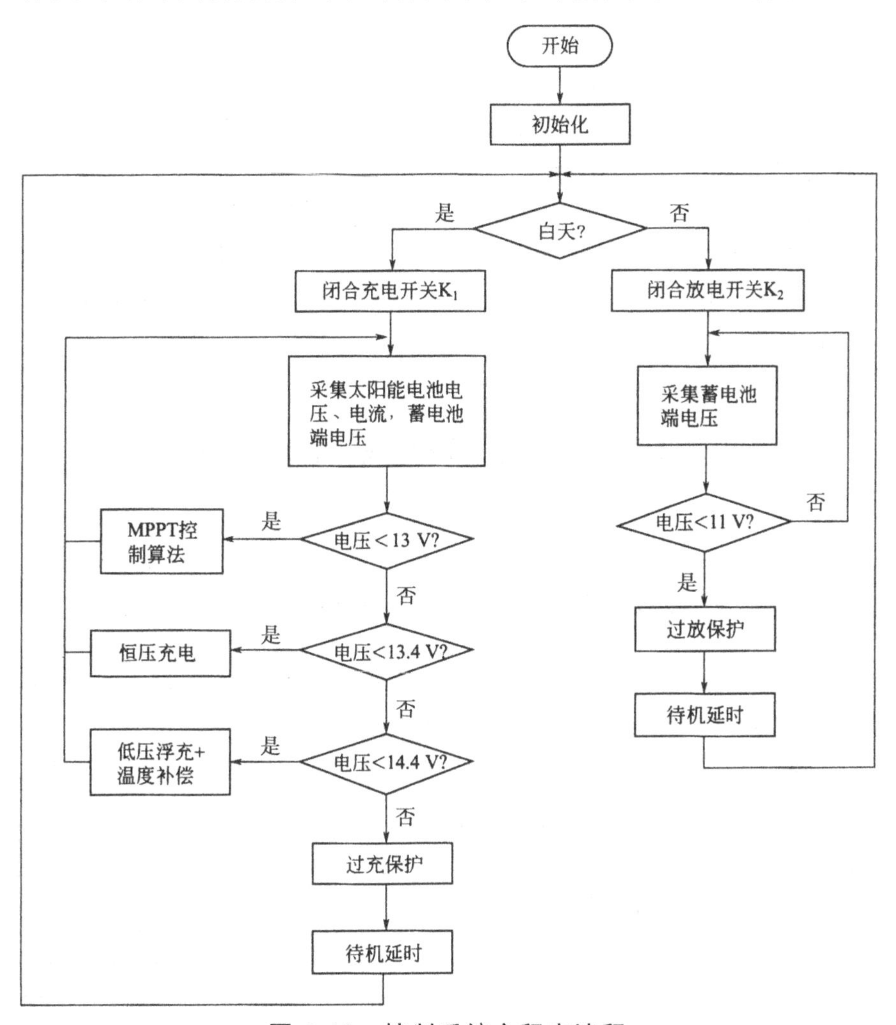

图 6.19　控制系统主程序流程

这里所设计的以单片机 PIC16F877 为控制核心的智能太阳能路灯控制器，具有外围电路简单、可靠性高的特点，实现了太阳能电池的最大功率点跟踪，采用了合理的蓄电池充放电策略，算法简单，既提高了太阳能电池板的使用效率，同时又延长了蓄电池的使用寿命。

第7章 光伏发电系统的设计

太阳能光伏系统设计时，必须考虑诸多因素，进行各种调查，了解系统设置用途、负载情况，决定系统的型式、构成，选定设置场所、设置方式、方阵的容量、太阳能电池的方位角(direction angle)、倾斜角(tilt angle)、可设置的面积、支架型式以及布置方式等。太阳能光伏系统的设计方法有解析法、计算机仿真法等。由于太阳光能量变化的无规律性、负载功率的不确定性以及太阳能电池特性的不稳定性等因素的影响，因此，太阳能光伏系统的设计比较复杂。

7.1 独立光伏发电系统的设计

7.1.1 独立光伏发电系统的设计流程

独立运行的光伏发电系统是靠光电转换来发电的，需要有蓄电池做储能装置。它在无电网的边远地区及人口分散地区使用较多。

一般来讲，太阳能发电系统的设计分为软件设计和硬件设计(图7.1)。

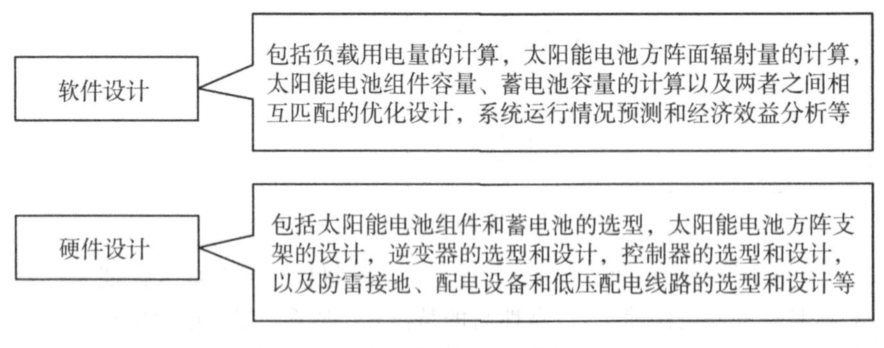

图7.1 太阳能发电系统的设计

独立太阳能光伏发电系统的总体设计内容如图 7.2 所示。

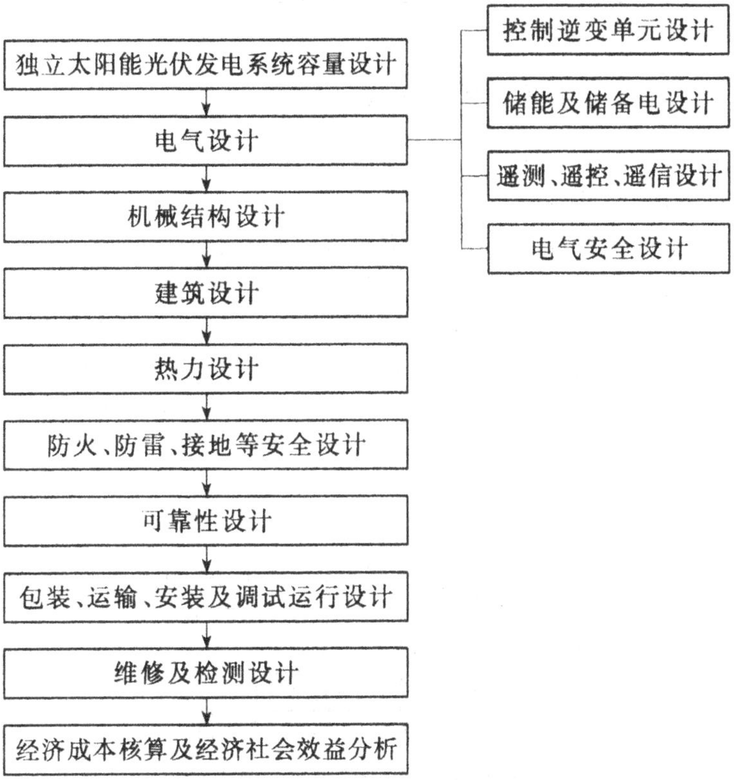

独立太阳能光伏发电系统容量设计
电气设计
机械结构设计
建筑设计
热力设计
防火、防雷、接地等安全设计
可靠性设计
包装、运输、安装及调试运行设计
维修及检测设计
经济成本核算及经济社会效益分析
控制逆变单元设计
储能及储备电设计
遥测、遥控、遥信设计
电气安全设计

图 7.2　独立太阳能光伏发电系统总体设计内容

独立光伏发电系统容量设计流程如图 7.3 所示。简单来说，太阳能独立发电系统的容量是由设备安装场所的日照量、负载的消耗电力两大因素决定的。此外，还需要适当考虑设备效率、安全余量等因素。

项目的安装地点
安装地点的日照量
负载的消耗电力
确定太阳能电池容量
确定蓄电池容量

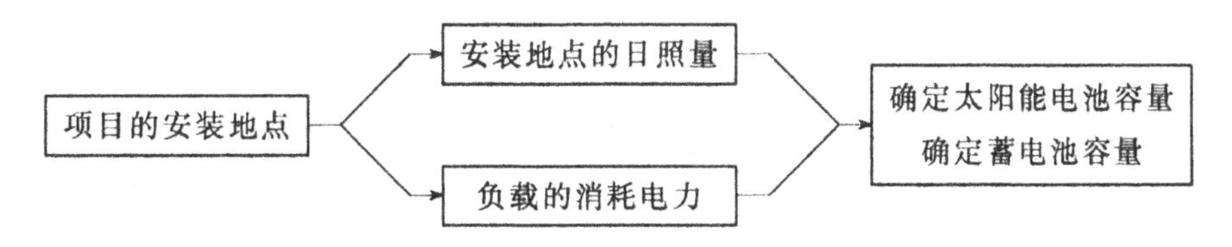

图 7.3　独立光伏发电系统容量设计流程

7.1.2 光伏阵列与蓄电池的容量设计

7.1.2.1 光伏阵列的容量设计

独立太阳能光伏阵列的发电容量取决于负载 24 h 所消耗的电能 H(W·h)。具体步骤分述如下。

(1)计算负载容量。负载容量 P 可以用下式计算：

$$P=W/U$$

式中：W 为负载 24 h 所消耗的电能，W·h；U 为系统额定工作电压，V。

实际系统负载容量计算过程中，通常采用列表计算方式，并适当考虑到今后 5 年的负载增长量。某独立光伏系统的负载计算图如图 7.4 所示。

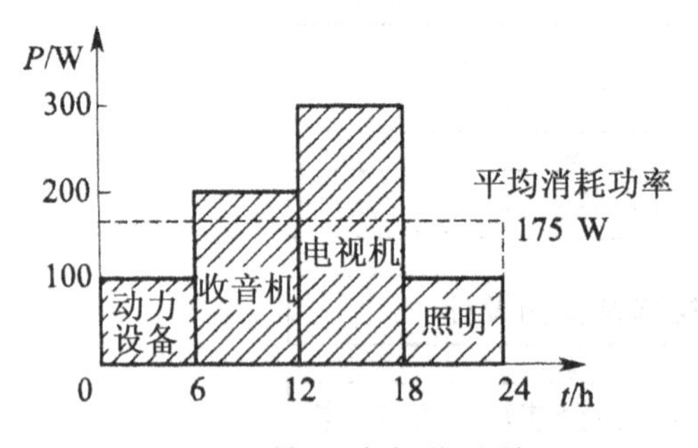

图 7.4 某系统负载计算图

(2)确定日照时数。为了尽可能多地接受日照，独立光伏发电系统的太阳能电池方阵通常是按一定的倾角安装的，一般方阵以安装地点的纬度为参考来设置方阵倾角。

方阵安装面日照量 Q' 通常采用查询当地日照记录的方法来计算：

$$Q'=1.16QK_1\cos|(\theta-\beta-\delta)|$$

式中：Q 为水平面的月平均日照量，cal/cm²·d；K_1 为日照修正系数；1.16 为平均日照量单位由 cal/cm²·d 到 mW·h/cm²·d 的变换系数；θ 为太阳能电池方阵设置场所的纬度；β 为太阳能电池方阵的倾斜度(相对于水平面)；δ 为太阳的月平均赤纬度。

太阳能资源的分布与各地的纬度、海拔及气候状况有关，一般以全年总辐射量来表示，单位为 kcal/cm²·年。但这个值一般难以量化计算，只能实际估测。我国各地太阳全年总辐射量的分布，大体上在 80～200 kcal/cm²·年的范围内。

在光伏发电系统容量设计中常用的一个重要概念是“峰值太阳小时”。这是一个等效的概念，也就是将太阳辐射度等于 100 mW/cm^2（为太阳能电池测试的标准光照）的每天日照小时数称为“峰值太阳小时”，它在数值上等于平均日辐射量除以标准光强，其单位为 h/d（小时/天）。

如果资料提供的是光伏方阵安装地点的太阳能日辐射量 H_t，则可以将其转换成在标准光强下的“峰值太阳小时数”T，即

$$T = H_t \times \frac{2.778}{10\ 000}$$

式中：2.778×10^{-4}（h · m^2/kJ）为将日辐射量换算为标准光强（1000 W/m^2）下的峰值太阳小时数的系数。

（3）太阳能电池组件串联数 N_s。太阳能电池组件按一定数目串联起来就可获得所需要的工作电压。太阳能电池组件的串联数必须适当，串联数过多或太少都不能达到很好的状态。只有当太阳能电池组件的串联电压等于合适的浮充电压时，才能达到最佳的充电状态。

（4）太阳能电池组件并联数 N_p。并联的太阳能电池组组数，在两组连续阴雨天之间的最短间隔天数内所发出的电量，不仅供负载使用，还能补足蓄电池在最长连续阴雨天内所亏损的电量。计算方法如下：

$$N_p = \frac{B_{cb} + N_w Q_L}{Q_p N_w} \times \eta_c \times F_c$$

式中：B_{cb} 为需补充的蓄电池容量；Q_p 为太阳能电池组件日发电量；η_c 为蓄电池充电效率的温度修正系数，蓄电池充电效率受到环境温度的影响；F_c 为太阳能电池组件表面灰尘、脏物等其他因素引起损失的总修正系数（通常取 1.05）。

（5）太阳能电池方阵的功率计算。根据太阳能电池组件的串并联数，即可计算出所需太阳能电池方阵的功率 P，即

$$P = P_0 N_s N_p$$

式中：P_0 为太阳能电池组件的额定功率。

太阳能电池方阵（PV）输出的额定功率是在日照量为 100 mW/cm^2、芯片温度为 25℃的条件下测定的，输出功率根据日照强度的变化而发生变化。为了区别 PV 和柴油发电机组的容量标准，用 W_p 来表示太阳能电池的峰值输出。

（6）方阵面积。太阳能光伏方阵面积的估算：

$$S = N_s N_p L Z (1 + 3\%)$$

式中：S 为方阵总面积；L、Z 分别为组件外形长、宽尺寸；3%为方阵组件间的间隔余量。

7.1.2.2 蓄电池的容量设计

蓄电池的容量是指在规定的放电条件下，完全充足电的蓄电池所能放出的电量，用 C 表示。蓄电池的容量是标志蓄电池对外放电能力、衡量蓄电池质量的优劣以及选用蓄电池的最重要指标。蓄电池的容量采用 A·h（安时）来计量，即容量等于放电电流与持续放电时间的乘积。电解液密度增大，电池电动势增大，参加反应的活性物质增多，电池容量增大。但是，电解液密度过高，黏度增大，内阻增强，极板硫化趋势增大，电池容量减小，所以，要选取一个合适的密度。温度对电池也有很大影响，温度下降，黏度增加，电解液渗入极板困难，活性物质利用率低，内阻增加，容量下降。

蓄电池容量设计计算的基本步骤如下：

第一步，将每天负载需要的用电量乘以根据客户实际情况确定的自给天数就可以得到初步的蓄电池容量。

第二步，将上一步得到的蓄电池容量除以蓄电池的允许最大放电深度。

因为不能让蓄电池在自给天数中完全放电，所以需要除以最大放电深度，得到所需要的蓄电池容量。最大放电深度的选择需要参考光伏系统中选择使用的蓄电池的性能参数。通常情况下，如果使用的是深循环型蓄电池，推荐使用 80%放电深度(DOD)；如果使用的是浅循环蓄电池，推荐使用 50%的放电深度。设计蓄电池容量的基本公式为：蓄电池容量＝(自给天数×日平均负载)÷最大放电深度。

如果蓄电池的电压达不到要求，可以用串联的方法；如果蓄电池的电流达不到要求，可以用并联的方法。串联蓄电池数＝负载标称电压/蓄电池标称电压，其中，蓄电池的供电电压称为它的标称电压，负载的工作电压称为其标称电压。举例说明：某光伏供电系统电压为 24 V，选用标称电压 12 V 的蓄电池，则需要蓄电池 2 组串联。该光伏供电系统负载为 20 A·h/K，自给天数为 4 d，如果使用低成本的浅循环蓄电池，蓄电池允许的最大放电深度为 50%，那么，蓄电池容量＝4 d×(20 A·h/d)÷0.5＝160 A·h。如果选用 12 V/100A·h 的蓄电池，那么需要该蓄电池 2 串联×2 并联＝4 个。

7.1.3 均衡性负载光伏系统设计

(1) 确定负载耗电量。列出各种用电负载的耗电功率、工作电压及平均每天使用时数，还要计入系统的辅助设备的耗电量。选择蓄电池工作电压 U，算出负载平均日耗电量 Q_L(A·h/d)。指定的蓄电池维持天数 n(一般取 3～7)。

(2) 计算方阵面上太阳辐照量。根据当地地理及气象资料，计算出该倾斜面上的太阳各月平均日辐照量 H_t，并得出全年平均太阳日总辐照量 $\overline{H_t}$。将 H_t 的单位用 kW·h/(m^2·d)表示，再除以标准辐照度 1000 W/m^2，即

$$T_t = \frac{H_t}{1000\text{W/m}^2} = H_t(\text{h/d})$$

这样，H_t 在数值上就等于当月平均每天峰值日照时数 T_t，以后就用以 kW·h/(m^2·d)为单位的 H_t 来代替 T_t。

(3) 计算各月发电盈亏量。对于某个确定的倾角，方阵输出的最小电流应为

$$I_{min} = \frac{Q_L}{\overline{H_t}\eta_1\eta_2}$$

式中：η_1 为从方阵到蓄电池输入回路效率，包括方阵面上的灰尘遮蔽损失、性能失配、组件老化损失、防反充二极管及线路损耗、蓄电池充电效率等；η_2 为由蓄电池到负载的输出回路效率，包括蓄电池放电效率、控制器和逆变器的效率及线路损耗等。

确定以上公式的思路是，在这种情况下，光伏方阵全年发电量正好等于负载全年耗电量，而实际状态是由于夏天蓄电池充满后，必定有部分能量不能利用，所以光伏方阵输出电流不应该比这更小。

同样，也可由方阵面上 12 个月中平均太阳辐照量的最小值 $H_{t \cdot min}$ 得出方阵所需输出的最大电流为

$$I_{max} = \frac{Q_L}{H_{t \cdot min}\eta_1\eta_2}$$

确定以上公式的思路是，全年都当作处在最小太阳辐照下工作，因此任何月份光伏方阵发电量都要大于负载耗电量。由于有蓄电池作为储能装置，允许在夏天光伏方阵发电量大于负载耗电量时给蓄电池充电储存能量，在冬天光伏方阵发电量不足时可供给负载使用，并不需要每个月份都有盈余，所以这是方阵的最大输出电流。

方阵实际工作电流应在 I_{min} 和 I_{max} 之间，可先任意选取中间值 I，则方阵各月发电量

$$Q_g = NIH_t\eta_1\eta_2$$

式中：N 为当月天数；H_t 为该月倾斜面上的太阳辐照量，kW·h/(m^2·d)。

各月负载耗电量

$$Q_c = NQ_L$$

从而得到各月发电盈亏量

$$\Delta Q = Q_g - Q_c$$

如果 $\Delta Q>0$，为盈余量，表示在该月中系统发电量大于耗电量，方阵所发电能除了满足负载使用以外，还有多余电能，可以给蓄电池充电，如果此时蓄电池已经充满，则多余的电能通常只能白白浪费，成为无效能量；如果 $\Delta Q<0$，为亏欠量，表示该月方阵发电量不足，需要由蓄电池提供部分储存的电能。

(4) 确定累计亏欠量 $\sum|-\Delta Q_i|$。以 2 年为单位，列出各月发电盈亏量。

(5) 决定方阵输出电流。将累计亏欠量 $\sum|-\Delta Q_i|$ 代入下式：

$$n_1=\frac{\sum|-\Delta Q_i|}{Q_L}$$

得到的 n_1 与指定的蓄电池维持天数 n 相比较，若 $n_1>n$，表示所考虑的电流太小，以致亏欠量太大，所以应该增大电流 I，重新计算；反之亦然，直到 $n_1\approx n$，即得出方阵输出电流 I_m。

(6) 求出方阵最佳倾角。以上方阵输出电流 I_m 是在某一倾角 β 时能满足蓄电池维持天数 n 的方阵输出电流，但是此倾角并不一定是最佳倾角，接着应当改变倾角重复以上计算并反复比较，得出最小的方阵输出电流 I_m 值，这时相应的倾角即为方阵最佳倾角 β_{opt}。

(7) 得出蓄电池及方阵容量。这样可以求出蓄电池容量

$$B=\frac{\sum|-\Delta Q_i|}{DOD\eta_2}$$

式中：DOD 为蓄电池的放电深度，通常取 0.3～0.8。

结合以上两式可知

$$B=\frac{nQ_L}{DOD\eta_2}$$

其实，根据已知条件就可以求出所需要的蓄电池容量。以上复杂的运算过程，主要是为了确定光伏方阵的最佳工作电流，从而决定方阵容量

$$P=kI_m(U_b-U_d)$$

式中：k 为安全系数，通常取 1.05～1.3，可根据负载的重要程度、参数的不确定性、负载在白天还是晚上工作、温度的影响以及其他所需考虑的因素而定；U_b 为蓄电池充电电压；U_d 为防反充二极管及线路等的电压降。

(8) 最终决定最佳搭配。如果改变蓄电池维持天数 n，重复以上计算。再根据产品型号及单价等因素，进行经济核算，进而决定蓄电池及光伏方阵容量的最佳组合。最后还要将准备采用的太阳能电池组件和蓄电池的数量进行验算，确定其串联后的电压符合原来的设计要求，否则，还

要重新选择每个太阳能电池组件和蓄电池的容量，所以最终结果其容量往往不是整数。

综上所述，由于满足负载用电要求和维持天数的太阳能电池方阵和蓄电池容量可以有多种搭配方式，所以要找出满足以上要求的不同倾角时的方阵输出电流，并且反复进行比较，得到最小输出电流所对应的倾角即为最佳倾角，根据相应的方阵最小输出电流即可确定太阳能电池方阵的容量。再根据维持天数可以求出蓄电池容量。改变维持天数 n，可以得到一系列 B-P 组合，最后确定最佳的蓄电池和方阵容量搭配。

这些计算相当复杂，需要编制专门的计算机软件进行运算。独立光伏系统优化设计框图如图7.5所示。

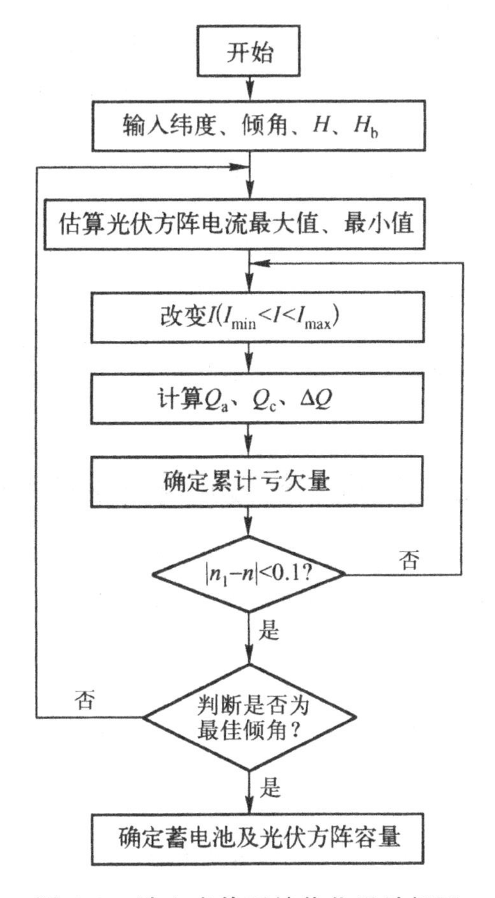

图7.5　独立光伏系统优化设计框图

7.1.4 特殊要求负载光伏系统设计

负载缺电率(LOLP)用来衡量供电系统的可靠性，LOLP 的定义为

$$\mathrm{LOLP}=\frac{\text{全年停电时间}}{\text{全年时间}}$$

LOLP 值在 0 到 1 之间，数值越小，表示供电可靠程度越高。LOLP＝0 表示任何时间都能保证供电，全年停电时间为零。即使是常规电网对大城市供电，也会由于故障或检修等原因，平均每年也要停电几小时，LOLP 只能达到 10^{-3} 数量级。由于光伏电能价格昂贵，对于一般用途的系统，负载缺电率只要 LOLP 达到 $10^{-2}\sim10^{-3}$ 即可。

然而在一些特殊需要的场合要做到一分钟都不停电。对于这类独立光伏系统，设计时要特别仔细，保证光伏系统的长期稳定工作，但也不能盲目地增加系统的安全系数，配置过大，造成大量浪费。

对于均衡负载要求 LOLP＝0 的独立光伏系统，同样可以用上面提到的优化设计步骤，只是蓄电池的维持天数先用 $n=0$ 代入，使各个月份的方阵发电量都大于负载耗电量，即可确定太阳能电池方阵的容量。不过要注意，计算太阳能电池容量时考虑 $n=0$，这并不是说光伏系统不需要蓄电池，显然在晚上和阴雨天必须由蓄电池维持供电。在计算蓄电池容量时，可参考当地的最长连续阴雨天数，确定蓄电池的维持天数 n，最后得出蓄电池的容量。

7.2 并网光伏发电系统的设计

并网光伏发电系统利用市电电网作为储能装置，不像独立光伏发电系统那样受蓄电池容量的限制。所以太阳能电池方阵的安装倾角应该是方阵全年能接收到最大太阳辐射量时所对应的角度。同时，由于市电电网可以随时补充电力，所以并网光伏发电系统的容量设计也不像独立光伏发电系统那样严格。

7.2.1 并网光伏系统与电网的连接

7.2.1.1 光伏电站等级

光伏电站等级分类并没有绝对标准，往往会根据电站规模的发展而变

动。目前国际能源署对于光伏电站等级分类的方法如下：

(1) 容量小于 100 kW 为小规模。

(2) 容量为 100 kW～1 MW 为中规模。

(3) 容量为 1 MW～10 MW 为大规模。

(4) 容量为 10 MW 以上为超大规模。

综合考虑不同电压等级电网的输配电容量、电能质量等技术要求，根据光伏电站接入电网的电压等级，可分为小型、中型或大型光伏电站，具体说明如下。

(1)小型光伏电站：接入电压等级为 0.4 kV 低压电网的光伏电站。

(2)中型光伏电站：接入电压等级为 10～35 kV 电网的光伏电站。

(3)大型光伏电站：接入电压等级为 66 kV 及以上电网的光伏电站。

7.2.1.2　光伏系统的并网类型

(1) 单机并网。图 7.6 所示是光伏系统的单机并网示意图。

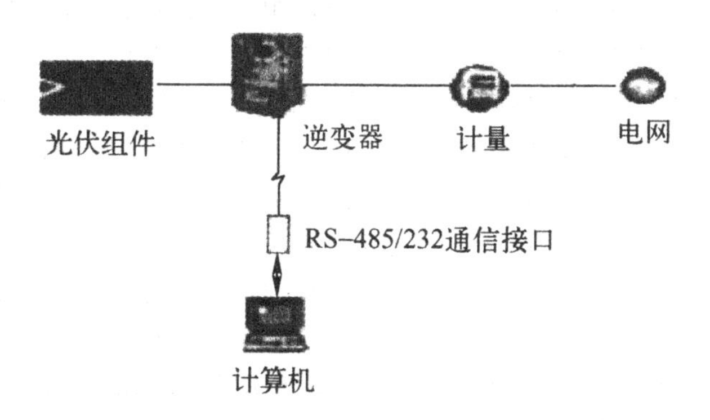

图 7.6　光伏系统的单机并网示意图

对于功率不大的并网光伏系统，可以将太阳能电池组件经串、并联后，直接与单台逆变器连接，逆变器的输出端经过计量电表后，接入电网，同时可以通过 RS-485/232 通信接口和个人计算机连接，记录和储存运行参数。

这种类型的并网方式特别适合于功率为 1～5 kW 的光伏系统。屋顶上安装的户用光伏系统常常采用这种连接方式。

(2) 多支路并网。多支路并网方式适合应用于系统功率较大且整个太阳能电池方阵的工作条件并不相同的情况，如有的太阳能电池子方阵有阴影遮挡、各个光伏子方阵的倾角或方位角并不相同，或有多种型号、不同电压的光伏子方阵同时工作。这时可以采取每个太阳能电池子方阵配备一台逆变器，输出端经过计量电表后接入电网，如图 7.7 所示。

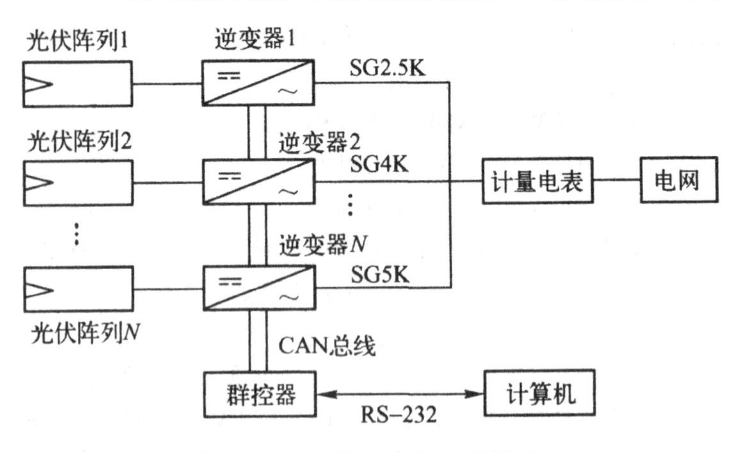

图 7.7　光伏系统多支路并网

所配备的并网逆变器可以有不同规格，再通过 CAN 总线获取每台逆变器的运行参数、发电量和故障记录，也可通过 RS-485/232 通信接口与个人计算机连接。这种类型的并网方式应用很广，特别是在光伏与建筑相结合(BIPV)的系统中，为了满足建筑结构的要求，常常会使各个太阳能电池子方阵的工作条件各不相同，因此只能采用这种连接方式。

(3) 并联并网。并联并网方式适用于大功率光伏并网系统，要求每个串、并联的子方阵具有相同的功率和电压，而且太阳能电池子方阵的安装倾角也都一样。这样可以连接多个逆变器并联运行。当早晨太阳辐射强度还不很大时，数据采集器先随机选中一台逆变器投入运行，当照射在方阵面上的太阳辐射强度逐渐增加，在第一台逆变器接近满载时再投入另一台逆变器，同时数据采集器通过指令将逆变器负载均分；太阳辐射强度继续增加时，其他逆变器依次投入运行；日落时数据采集器指令逐台退出逆变器。逆变器的投入和退出完全由数据采集器依据太阳能电池方阵的总功率进行分配，这样可最大限度地降低逆变器低负载时的损耗。同时，由于逆变器轮流工作，不必要时不投入运行，从而大大延长了逆变器的使用寿命。图 7.8 所示是光伏系统的并联并网示意图。荒漠光伏电站或在空旷处安装的光伏电站都可以采用这种连接方式。

7.2.1.3　光伏系统的入网方式

(1) 小型并网光伏发电系统。如户用屋顶光伏系统，通常是由太阳能电池方阵通过汇流箱，接到直流防雷开关、并网逆变器、交流防雷开关，进而直接并入 220 V 或 380 V 电网，需要时可以配置部分数据收集、记录装置。这类并网光伏系统接入电网的方式有以下两种：

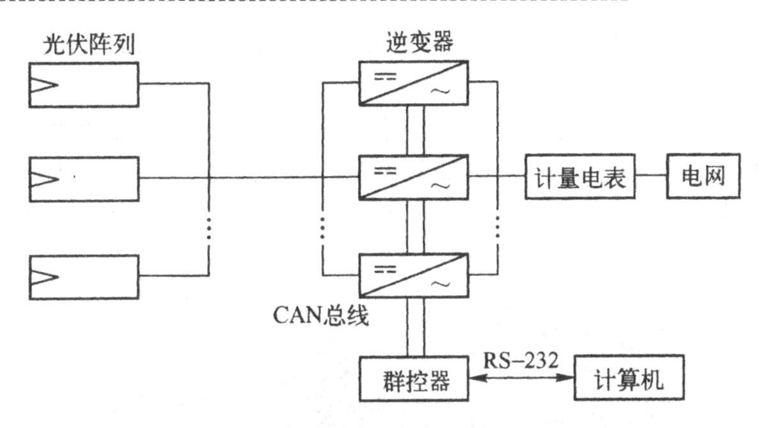

图 7.8　光伏系统的并联并网示意图

a. “净电表计量”方式。光伏系统输出端通常是接在进户电表之后，其示意图如图 7.9 所示。太阳能电池所发的电能首先满足室内负载用电需要，如有多余时输入电网，在阴雨天和晚上则由电网给室内负载供电。在这种情况下，可以只配置一只电度表，在用户使用电网的电能时，电度表正转；在光伏系统向电网供电时，电度表反转。这样用户根据电度表显示的数字交纳电费时，就扣除了光伏系统所产生电能的费用。

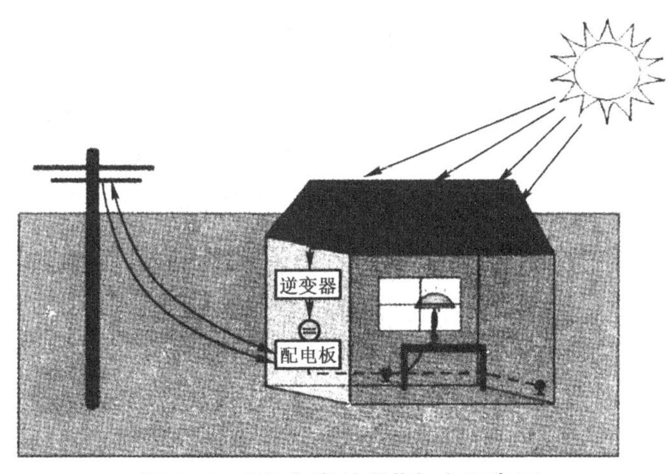

图 7.9　“净电表计量”方式示意图

这种方法还有一种类型，称为“连网不并网”。太阳能电池方阵所发出的电能，供自身负载使用，不够时可以由电网补充，但太阳能电池方阵所发的电能，除了自身负载使用外还有多余时，不允许输入电网，也就是只容许电网单向给负载供电，不能由太阳能电池方阵向电网输电。这时，光伏系统配备的逆变器就要具备防止反向逆流供电的功能，但是不需要复杂的并网功能。

b. “上网电价”方式。光伏系统输出端通常是接在进户电表之前（即电网一侧），光伏系统所发电力全部输入电网，室内负载用电完全由电网供应，所以常常需要配备“买入”和“卖出”两只电度表，其示意图如图 7.10 所示。

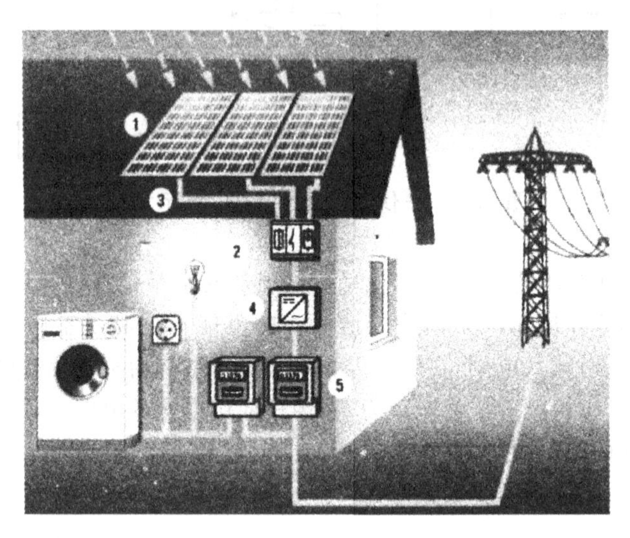

图 7.10 “上网电价”方式示意图

国外推广的“太阳能屋顶”计划，政府采取专门的扶植政策，鼓励私人用户安装的户用光伏系统，通常就采用这种方式，用户屋顶的光伏系统所发的绿色电能由电网高价收购，而用户家庭所使用的电能则由电网提供，按平价交纳电费。

(2) 大型光伏电站。大型光伏电站如同常规发电站一样，将所发电力全部输入电网。只是由于太阳能电池组件数目非常多，需要分成许多子阵列，要配备很多汇流箱，有时需要多个直流配电柜。光伏阵列输出端必须安装具有断弧能力的开关，主开关应具有在 1.25 倍方阵最大开路电压下，安全切断 1.25 倍阵列最大短路电流的能力。

光伏阵列发出的电能经总直流配电柜后与逆变器相连，逆变器输出的低压交流电经过交流配电柜后，再通过升压变压器并入高压电网。升压变压器应选择合适的连接方式以隔离逆变系统产生的直流分量，并且在接入公共电网的光伏电站和电网连接处应设置有明显断点的隔离开关。光伏发电系统的交流侧还应配置接地检测装置，过电压、过电流保护装置，指示仪表和计量仪表。在交流和直流端都要配备防雷装置，此外还应配置主控和监视系统，其功能可以包括数字信号的传感和采集，以及必要的处理、记录、传输、显示系统数据。示意图如图 7.11 所示。

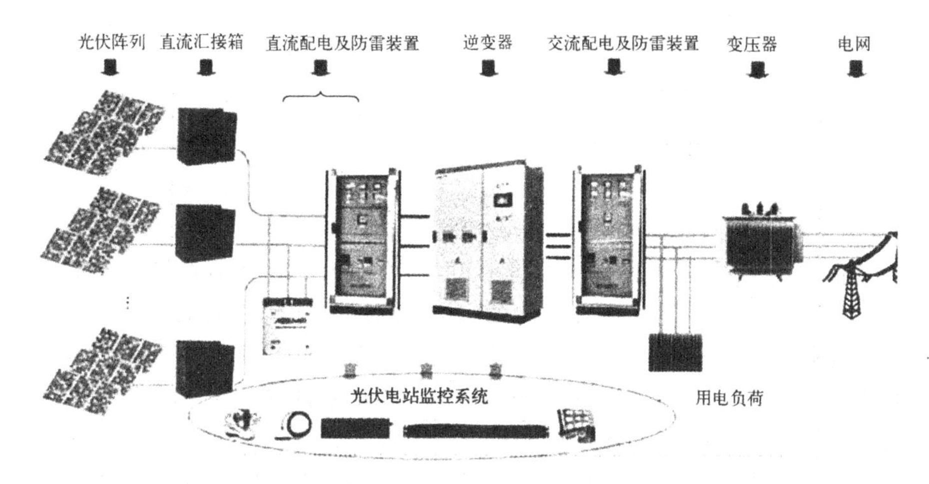

图 7.11　大型光伏电站配置示意图

7.2.2　并网光伏系统设计的步骤

并网光伏系统设计的步骤如下。

(1) 掌握基本数据。获取光伏系统安装地点、当地的气象资料及地理条件、光伏系统的容量规模等。

(2) 现场勘察。了解安装场地的地形、地貌，以及太阳能电池方阵安装现场的朝向、面积及具体尺寸，观察有无高大建筑物或树木等障碍物遮挡阳光，大致确定是否需要分成若干个子方阵安装。特别是 BIPV 系统，更要详细了解现场的具体情况，以便确定各个子方阵的位置及对于安装朝向、倾角等的影响。还要规划安排辅助建筑的具体位置，以及接入电网的位置等。

(3) 选择合适的并网逆变器。选择逆变器时通常应考虑的事项有：①并网还是离网(独立)；②额定功率和最大电流；③电源转换效率；④现场环境评价；⑤尺寸和质量；⑥标称直流输入和交流输出电压；⑦保护和安全功能；⑧保修期和可靠性；⑨成本和可用性；⑩附加功能(监测、充电器、控制系统、最大功率点跟踪等)。

对于并网光伏系统，必须配备专门的并网逆变器，对其输出的波形、频率、电压等都有严格的要求，并且要具有必要的检测、并网、报警、自动控制及测量等一系列功能，特别是必须具备防止孤岛效应的功能，以确保光伏系统和电网的安全。

理论上认为，逆变器的额定功率应稍大于太阳能电池方阵的功率，但由于一般地区的太阳辐照度经常在标准测试条件（1000 kW/m^2）之下，在一些场合选择逆变器的功率也可稍小于太阳能电池方阵的功率。

对于一定容量的大型光伏电站，如何配置逆变器要仔细考虑，因为逆变器有不同的规格和型号。例如，1 MW 的光伏电站，是选择功率比较大的 1 MW 的逆变器 1 台，还是选择用几台小功率逆变器，如 500 kW 的 2 台或 100 kW 的 10 台，这要从多方面来综合考虑。功率大的逆变器效率较高，单位造价也比较便宜，维护也相对容易；但功率太大的逆变器在投入或退出时，会对并网点电能质量产生较大的影响，并且如果出现故障，造成停机，后果就比较严重，当然还要考虑产品质量是否可靠。为了适应大型光伏电站的发展需要，现在生产厂家提供的并网逆变器功率也越来越大，还要看产品是否有长期使用的成熟经验等情况。

如果有多个工作条件不同的子方阵，一般情况下，可以分别采用多个对应的并网逆变器。特别是 BIPV 系统，太阳能电池方阵往往分布范围很广，朝向和倾角也各不相同，产生的工作电压等可能都不相同，发电情况也不一样，这时连接到不同的逆变器上效果会好一些。

总之，配备多大功率的并网逆变器及需要用几台，应该结合多项因素进行综合评估，当然还要考虑逆变器的单价，以确定既安全可靠又经济合理的方案，最后决定并网逆变器的规格、型号。

（4）确定光伏系统的并网方式。根据光伏系统容量等级，按照有关规范，确定光伏系统的并网方式，明确与电网连接的节点，落实拟接入变电站的位置及连接方法。

（5）决定太阳能电池组件的串、并联数目。根据逆变器的输入电压范围取中间值，与所采用的太阳能电池组件的最佳输出电压相除，可得出太阳能电池组件的串联数目。尽量使得太阳能电池组件串的工作电压处在逆变器输入电压范围的中部。例如，采用 100 kW 逆变器，其输入电压是 450～820 V，其中间值为 635 V。如果太阳能电池组件的功率是 180 W，最佳输出电压是 35 V，可用 18 块组件串联，组件串输出电压是 630 V，每个组件串的功率就是 3240 W。然后根据子方阵容量，决定太阳能电池组件的并联数目。

（6）计算太阳能电池方阵的最佳倾角。根据当地长期水平面上太阳辐照量的数据，计算得到倾斜面上全年能接收到最大太阳辐照量所对应的倾角，即为太阳能电池方阵的最佳倾角，同时可得到全年和各个月份在倾斜的太阳能电池方阵表面上的太阳辐照量。

(7) 进行工程现场总体设计,确定方阵布局。根据现场的大小和太阳能电池组件的尺寸,以及太阳能电池方阵的倾角等条件,确定太阳能电池组件的安装方案,包括连接电缆走向及汇流箱的位置,落实防雷、接地的具体措施等。

(8) 确定辅助设备的配置及型号。按照有关技术规范,确定光伏系统中需要配置的交、直流配电柜,防雷开关,升压变压器及数据采集系统等辅助设备所需的功能和采用的型号。

(9) 经济效益估算。估算光伏电站的发电量,评估其发电成本、经济及社会效益。

7.3　光伏系统的硬件设计

7.3.1　光伏系统的硬件设计重点

在光伏电站的硬件设计方面,应重点关注以下几个方面。

(1) 阵列倾斜角设定。太阳能电池阵列的倾斜角一般在 10°～90°的范围内设定,在积雪地带,角度应达到 45°以上,这样能够使积雪靠自重自行滑落。

(2) 组件的安装方向。太阳能电池组件大部分是长方形,组件的长边纵向安装方式称为纵置型,长边横向安装称为横置型。通常设计采用的是横置型,但是尘埃、火山灰、漂浮盐粒子等多的地区及积雪地区多采用纵置型。

(3) 旁路元件。在构成太阳能电池阵列的每一个太阳能电池组件上都应当安装旁路元件,为高电抗的太阳能电池单元或者太阳能电池组件中流过的电流分流。

(4) 防止逆流元件。该元件能够防止其他太阳能电池回路和蓄电池产生的电流逆流进入该组件,同时还能预防夜间太阳能电池不发电时蓄电池白白放电。

(5) 接线箱。其功能在于使多个太阳能电池组件的连接井然有序,在维护检修期间,方便线路分离,在故障时缩小停电范围。

(6) 其他注意事项。除了以上几方面外,还有许多其他需要注意的地方,这里不再一一赘述。

7.3.2 辅助设备的选配

(1) 蓄电池。根据优化设计结果确定蓄电池的电压及容量,选择合适的蓄电池种类及型号、规格,再确定其数量及连接方式。

(2) 控制器与逆变器。

a. 控制器。按照负载的要求和系统的重要程度,确定光伏系统控制器应具有的充分而又必要的功能,并配置相应的控制器。控制器如果过多反而会增加成本,加大出现故障的概率。

b. 逆变器。对于交流负载,必须配备相应的逆变器。目前通常是将控制器和逆变器做成一体化。在有些情况下,一些联网系统在光伏发电量不足时可由电网给负载供电,但在光伏发电有多余时不允许向电网送电。这时控制器和逆变器就要具有防止反向送电的防逆流功能,以保证光伏电能不能输入电网。选择独立光伏系统的逆变器时,要考虑的特性有输出波形、电源转换效率、额定功率、额定负载、输入电压、输出电压、电压监测、电压调节、电压保护、频率、模块化情况、功率因素、待机电流、尺寸与质量、音频和射频噪声情况、计量仪表及开关等。在有些情况下,还要求逆变器增加的功能有蓄电池充电、遥控操作、具有负载转换开关、并联运行等。关于选择并网逆变器的方法和要求在前面的讨论中已有提及,在此不再作详述。

(3) 防雷与接地装置。太阳能光伏电站为三级防雷建筑物,应按照相关设计规范的要求设置接闪器、引下线并妥善接地。

(4) 消防安全。太阳能光伏电站内应配置移动式灭火器。灭火器的配置应符合相关设计规范的相关规定和要求。当太阳能光伏电站内单台变压器容量为5000 kV·A及以上时,应设置火灾自动报警系统,并应具有火灾信号远传功能。太阳能光伏电站火灾自动报警系统形式为区域报警系统,各种探测器及火灾报警装置等的设备应符合相关设计规范的有关规定和要求。

各类设备房间内火灾探测器的选择应根据安装部位的特点采用不同类型的感烟或感温探测器,布置及选择应符合相关设计规范的相关规定和要求。

7.3.3 防雷与接地系统的设计

7.3.3.1 太阳能光伏发电系统的防雷措施和设计

太阳能光伏发电系统的防雷措施和设计方案主要包括以下内容:

(1) 太阳能光伏发电系统或发电站建设地址选择,要尽量避免放置在容易遭受雷击的位置和场合。

(2) 尽量避免避雷针的太阳阴影落在太阳能电池方阵组件上。

(3) 根据现场状况采用避雷针、避雷带和避雷网等不同措施对直击雷进行防护;并应尽量采用多根均匀布置的引下线将雷击电流引入地下。

(4) 将整个光伏发电系统的所有金属物,包括电池组件外框、设备、机箱机柜外壳、金属线管等与联合接地体等电位连接,并且做到各自独立接地。

(5) 在系统回路上逐级加装防雷器件,实行多级保护,使雷击或开关浪涌电流经过多级防雷器件泄流。

图7.12所示是光伏发电系统等电位连接示意图。一般在光伏发电系统直流线路部分采用直流电源防雷器,在逆变后的交流线路部分,使用交流电源防雷器。防雷器在太阳能光伏发电系统中的应用如图7.13所示。

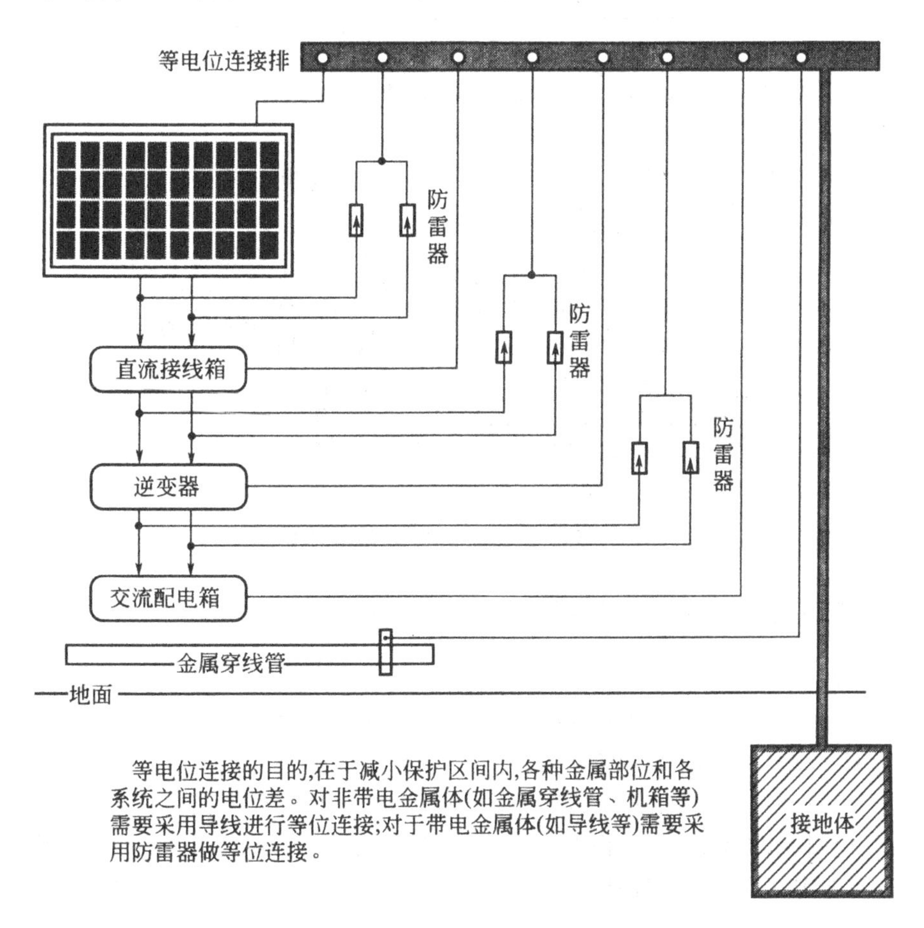

图7.12 光伏发电系统等电位连接示意图

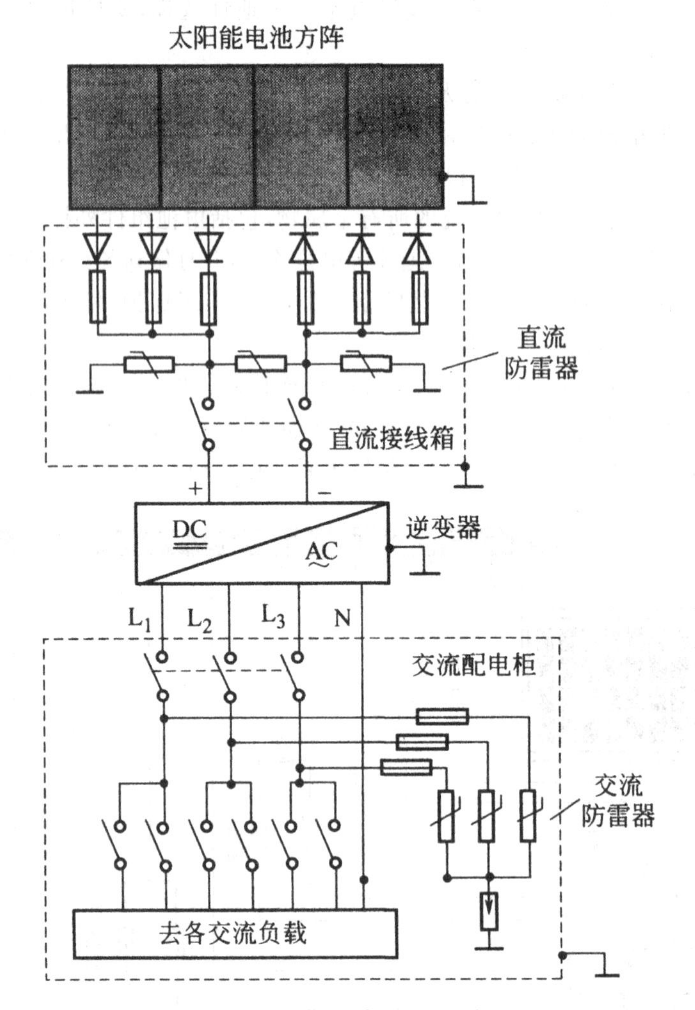

图 7.13　防雷器在光伏发电系统中的应用

7.3.3.2　光伏发电系统的接地设计

光伏发电系统的接地设计主要包括以下内容。

(1) 防雷接地：包括避雷针(带)、引下线、接地体等，要求接地电阻小于 30 Ω，并最好考虑单独设置接地体。

(2) 安全保护接地、工作接地、屏蔽接地：包括光伏电池组件外框、支架，控制器、逆变器、配电柜外壳，蓄电池支架、金属穿线管外皮及蓄电池、逆变器的中性点等，要求接地电阻不大于 4 Ω。

(3) 接地电阻：当安全保护接地、工作接地、屏蔽接地和防雷接地四种接地共用一组接地装置时，其接地电阻按其中最小值确定；若防雷已单独设置接地装置时，其余三种接地宜共用一组接地装置，其接地电阻不应大于其中最小值。

(4) 其他：条件许可时，防雷接地系统应尽量单独设置，不与其他接地系统共用。并保证防雷接地系统的接地体与公用接地体在地下的距离保持3 m以上。

7.4 光伏发电系统工程设计实例

7.4.1 万科中心太阳能并网发电系统的设计与应用

7.4.1.1 万科中心及光伏发电工程项目简况

坐落于深圳市盐田区大梅沙旅游度假区的深圳万科中心是将一系列不同的功能建筑的几何形态连贯在一起的城市片段。整个项目为一组集酒店、公寓、办公、娱乐休闲、会展、商业于一体的地标性建筑。中心最具有代表性的建筑就是万科集团总部新的办公大楼。结合万科中心节能、生态的设计理念，在万科中心（及总部）屋顶设置太阳能电池板，建设太阳能光伏并网发电系统，将清洁、环保的太阳能光伏并网发电技术融入设计。将万科总部项目设计成为国家可再生能源规模化利用示范工程项目，向社会推广可再生能源在建筑领域规模化应用的模式，是该项目建设的目标和意义所在。

万科中心整个太阳能发电工程分为主体并网光伏电站、LED车库独立照明系统、光伏清洁对比系统3个部分。设计总峰值功率为282 kW，采用单晶硅电池板共1567块，逆变器32套，成套电气设备40套，具体情况见表7.1。系统采用AC220/380V三相五线制输出，分3个并网点，直接与万科地下总配电室630 kV变压器二次侧并网运行。光伏发电系统具有逆功率保护、防孤岛、短路过电流、过电压等各种保护功能，确保光伏系统安全、可靠的发电并网运行。该工程已竣工验收全面投入并网运行，且运行稳定，日发电量为800～1350 kW·h。

表 7.1　发电工程具体情况

系统名称	发电功率	电池板数量/块	系统形式	发电量统计/(kW・h)
主体光伏并网电站	272.7 kW	1515 块	并网	297 634.5
光伏清洁对比系统	3.6 kW(2×1800 W)	20 块	并网	3972.2
LED 车库独立照明系统	5.76 kW	32 块	独立	5764.3

7.4.1.2　万科中心太阳能发电工程总体技术要求

万科中心太阳能发电工程总体技术要求如下。

(1)系统容量满足 LEED 认证关于“可再生能源不小于总能耗 12.5%”的要求;

(2)年总发电量保证大于 280 MW・h;

(3)太阳能电池板合理排布安装后占屋顶面积小于 3200 m^2;

(4)系统采用 AC220/400V 低压并网运行,并网输出频率范围为 50 Hz~0.2 Hz;

(5)系统应具有多点并网特性,具有防对电网倒送电的逆向功率保护功能;

(6)系统效率在额定输出时,不低于 90%。

7.4.1.3　新颖的设计思路

根据上述总体技术要求。现将工程设计思路阐述如下。

(1) 太阳能电池组件的合理选型。该项目要求太阳能绿色环保可再生能源的年发电量不少于万科总部年电能消耗总量的 12.5%,同时要求太阳能电池板安装总占地面积约 3200 m^2。经发电量的计算和综合因素的考虑,主体光伏并网电站设计安装峰值功率为 272.7 kW;通过电池方阵间距阴影分析,净太阳能电池板安装有效面积约为 1900 m^2,因此要选用高转换率的电池组件。最初的设计方案选用 SANYOHIT(异质结)电池板能满足要求,但由于这种电池板成本很高,所以经优化设计与成本对比分析,后来采用 TSM-180 单晶硅组件,组件转换效率为 14.1%,性能稳定,完全满足要求,同时成本大大降低。

(2) 电池板统一朝正南安装。深圳市所处经纬度为东经 114.1°、北纬 22.5°。电池板朝向正南安装能够获得最大电量且效果美观。

(3) 可调倾斜角的支架系统设计。采用可调倾斜角方式,使得在不增加太多成本的情况下系统效率更高，而且变动倾斜角的工作总量并不大。经计算与分析，支架系统设计为5°与25°可调的两个最优角度。支架系统设计为升降结构，根据季节来调整太阳能电池板的倾斜角。春分日前后电池板倾斜角调为5°；秋分日前后电池板倾斜角调为25°。通过精确计算，可调倾斜角支架系统全年辐射量比原25°固定倾斜角时增加3.6%。

(4) 阴影分析、合理阵列间距。根据建设地的地理位置、太阳运动情况、支架高度等因素并由公式计算可得出屋顶太阳能支架系统前后排之间的距离，本方案太阳能电池方阵的间距可设计为1 m。此间距可保证在冬至日的上午9时至下午15时之间不会有前后排阴影遮挡的问题。

(5) 技术先进、高效逆变器的选型。光伏并网系统中最关键、最主要的设备是并网逆变器。高转换效率是并网逆变器最主要的技术指标。该项目选用目前在全球用量最大、技术先进、转换效率高、质量稳定的德国SMA逆变器，保证了整个光伏发电系统并网的可靠性，同时逆变效率最高，输出电能最多。

(6) 合理组串的设计。项目采用了多串、并组连接方式，保证了光伏方阵发电的一致性，提高了系统电能输出的平衡度。结合深圳当地气温，经过最优化设计与软件计算，SMCL1000TL逆变器的参数符合要求，电池板12块串联为一组，5组并联，共60块电池板，总功率10.8 kW为最佳配置。开路电压与环境温度的变化关系成反比。假定组件串联数为S_n，串联后总开路电压为U_t，25℃时的组件开路电压为U_{oc}，开路电压温度系数为K_{U_t}，则在温度t下串联组件总开路电压

$$U_t = S_n \times U_{oc} \times (1 + K_{U_t})$$

用此公式校验，12串为最佳组串。SB5000TL逆变器设计选型过程相同，组串设计过程类同。

(7) 逆变器就近安装逆变交流输送。这种做法的特点是减少直流线缆敷设量与长度，适当加大交流输送线缆的截面积，降低了线损，保障了整个系统效率最大化；同时降低了成本，因为直流光伏专用线缆成本相对交流线缆成本要高很多。

(8) 技术先进的防雷措施——提前放电式避雷针。项目采用了3套S140(H=5 m)提前放电式避雷针，保护整个太阳能发电站不会受到雷击。这种避雷针可以在较低的位置保护更广的范围。提前放电式避雷针是光伏行业应用较为广泛的一种避雷针，又名“主动式避雷针”，其优点如下：

a. 避雷针技术先进，在雷电情况下提前截获雷电导入大地，保护功能极强，保护范围大。

b. 避雷针能在较低的位置保护到较广的范围，且避雷针的外径较小，

因此避雷针杆本身产生的阴影很小，几乎不影响电站的发电，在光伏行业应用较为广泛。

c. 避雷针利用建筑物原有接地系统进行接地，冲击接地电阻不大于10Ω；避雷针本身全部为不锈钢。

(9) 完备监控显示系统。监控显示系统能全面监控整个光伏系统运行状态与参数，包括瞬时光伏方阵直流侧的电压、电流、功率，交流侧的电压、电流、频率、即时发电功率、日发电量、累计发电量、节能减排数据、环境参数、逆功率状态等指标。

(10) 可行的逆功率保护系统。本套光伏并网系统设计了可控制逆变器自动并网运行的自动控制系统。自动控制系统采用单片机对并网点侧的变压器二次总输出电流进行闭环监控，根据监控电网各种情况控制光伏系统各回路的并网运行与停止。自动控制系统具有以下两种功能：

a. 逆功率检测保护控制器功能是用了检测光伏发电系统并网点所连的变压器低压二次侧总出线的总输出功率情况，根据检测到的功率输出情况，给出相应的输出信号控制执行机构动作。

b. 逆功率检测保护控制器根据检测到的输出功率的大小，控制光伏系统投入或停止并网运行的回路数，当出现倒送电负功率时，光伏发电系统回路全部切断并网运行。

7.4.1.4 万科光伏项目的创新与示范技术

(1) 光伏清洁对比系统。项目特意设计了光伏清洁对比系统，为研究电池组件表面附着灰尘对发电量的影响，设计了两个 1800 W 的光伏系统，共 3.6 kW。一个安装了自动清洁系统，每天定时自动清洁电池组件表面的灰尘；另一个未安装清洁系统。对比两个系统的日发电量、月发电量和年发电量，从中总结出自动清洁系统对提高光伏系统发电量的数据，为以后的光伏系统应用积累宝贵经验与数据。自动光伏清洁系统通过一整套程序化控制系统，每天定时清洁电池组件上的灰尘，记录发电量，分析自动清洁系统对提高发电量的数据，积累经验。

(2) LED 车库太阳能照明系统。项目设计一方面使用了绿色环保的太阳能发电；另一方面使用高效节能的 LED 照明灯具节约能量的地下车库 LED 太阳能照明系统。LED 地下车库照明系统设计光伏系统功率约为 5.76 kW，包括太阳能电池、控制器逆变器一体、蓄电池、照明灯具等。图 7.14 所示是 LED 地下车库太阳能照明系统原理图。

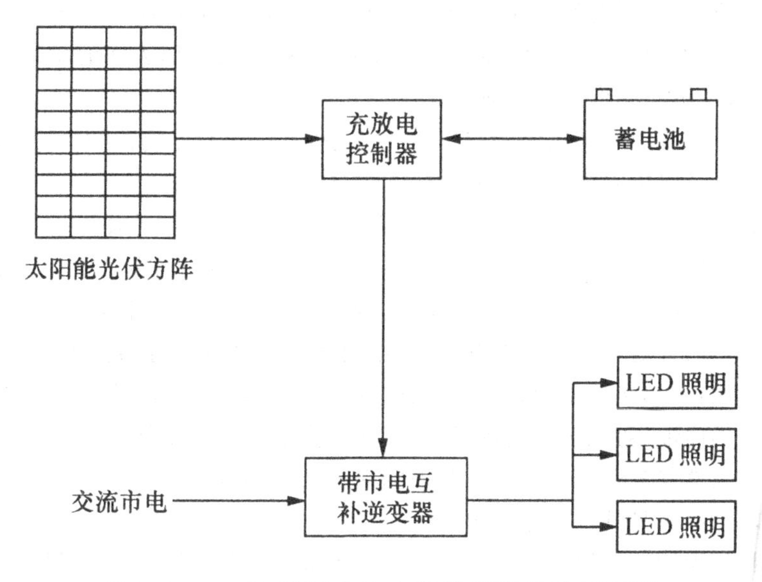

图 7.14　LED 地下车库太阳能照明系统原理图

这个小型太阳能 LED 应用范例为以后推广太阳能与 LED 照明系统提供了宝贵的数据、经验及示范，同时它也是倡导建筑节能与可再生绿色能源的先行者。

7.4.2　光伏系统用于阴极保护的设计案例

7.4.2.1　阴极保护的原理

金属容易发生腐蚀现象。一般有化学腐蚀和电化学腐蚀。前者是由于纯粹的化学反应引起的金属腐蚀，后者是金属在腐蚀过程中伴随有电流产生，该电流通过金属本身，这一般发生在各种盐类、碱类、酸类的水溶液内，以及在海水、潮湿的土壤等中。下面着重介绍电化学腐蚀的简单机理。

电化学腐蚀是金属腐蚀中最普遍的一种现象。当不同金属与电解质接触或浸在电解质的同一金属表面局部部位发生电极电位不同时，就会形成电化学腐蚀。这里所说的类似电池的作用是指当把两种金属放在电解质溶液中，并用导线把它连接起来时，根据两种金属的活动性顺序（钾、钠、钙、镁、铅、锌、铁、铝等），前面最易失去电子的金属则不断地发生溶解，这一过程被称为腐蚀。同一种金属处在电解液中也有类似问题，这是因为金属表面的电化学不均匀性，使金属不同部位产生不同电极电位而形成无数的微电池作用。这主要是由于：①金属的化学成分不可能完全纯洁而含有一些其他杂质；②金属的物理性质，指如加工过程引起内应力的不均匀和表面变形；③金属的金相组织不同而导致电极电位不同；④金属表面的状态（腐蚀或未腐蚀）不同而形成微电池等。

所有这些因素都能使同一金属材料构件产生电化学腐蚀的可能。电化学腐蚀是可以用阴极保护的方法加以防止或减缓的。

金属防腐措施有多种，如选择合理的金属化学成分、外加保护层等，这都是众所周知的。当采用外加保护层保护时，由于金属与电解质相互作用，随着时间的流逝，可能引起局部保护层破坏从而产生腐蚀，例如各种输送液体和气体的管道均深埋于地下，而土壤因含有酸性或碱性溶液形成能导电的电解质，局部保护层的破坏便形成上述所说的微电池运行机理，造成电化学性质的腐蚀，对此必须进行保护，以延长管道的使用寿命。目前国内外对石油和天然气输送管道均是在内外加保护层的前提下实施电化学保护，而最成功的办法是外加直流电源的阴极保护方法。

把被保护的金属变成阴极以防止金属腐蚀的方法称为阴极保护。通过前面的分析可以知道，当金属置于电解质中因不断地失去电子而逐渐被“溶解”，即腐蚀，如图 7.15(a)所示。现在如果由另外一个电极和被保护构件由直流电源组成如图 7.15(b)所示的回路，两电极所处的公共电解质为其提供一个电流通路。按传统电流方向是由阳极到阴极，但电子流动方向正好相反，比较图 7.15(a)可知，此时阳极不断失去电子，而阴极得到电子补充，防止电化学腐蚀。一般来说，当管线相对于周围介质有足够的负电位时，其腐蚀便可被控制。

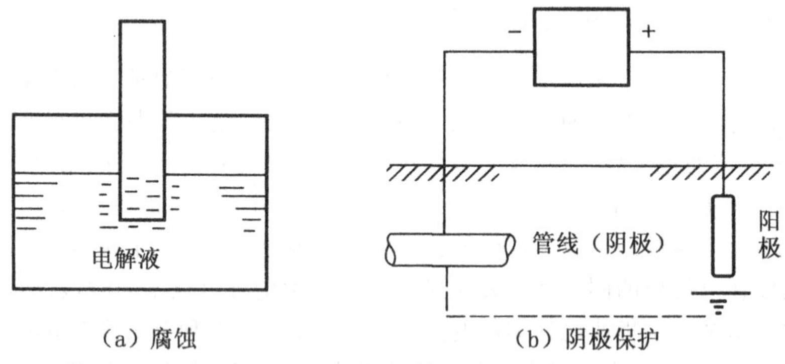

图 7.15　阴极保护原理示意图

对于管线采用阴极保护时，由于管线一般很长，单点装设保护装置只能在其左右的一段距离内才能有效果，这是因为电流有选择电阻最小的电路而通过的特性。为此，必须沿管线多点布置使中间点的电位不高于－0.25～0.3 V，如图 7.16 所示。

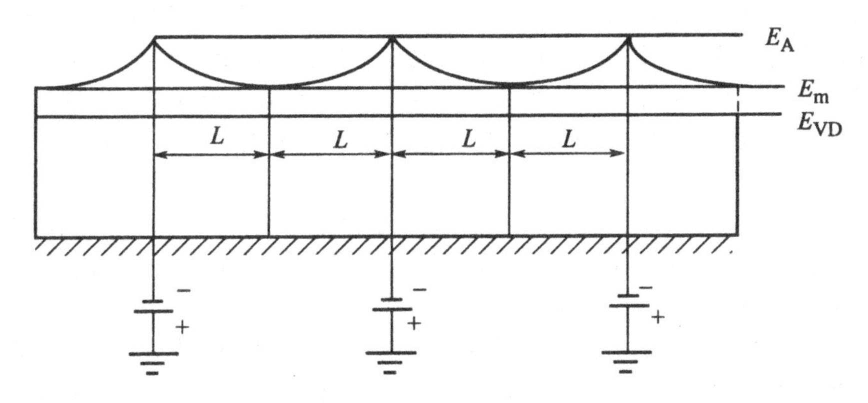

图 7.16　管线阴极保护电位分布

E_A－A 点电动势；E_m－平均电动势；E_{VD}－最低电动势

据此，要实施防止金属腐蚀有效办法的阴极保护必须沿管线提供分散的直流电源，而这个电源的容量一般为 1 kW 以下，绝大多数仅为 100 W 左右；而管线所经过的地方并不是总有可用的常规电源，因此新能源有用武之地。石油或天然气管道所经过的地方往往自然条件差和气候条件恶劣，防腐保护又不允许任何时候中断，这就对阴极保护的可靠性提出较高要求。

7.4.2.2　光伏系统用于阴极保护的设计特点

阴极保护系统是由发电装置（这里是太阳能电池方阵）、控制（充放电调节）和保护装置、蓄电池组、恒电位控制和阴极（电极）保护装置及连接电路组成，如图 7.17 所示。前面三部分是光伏系统设计者的工作领域，下面将重点予以说明。后者超出光电的业务范围，因此不予赘述。这里仅简单说明一下恒电位控制装置的功能，其主要作用是在使采用阴极保护的管线保持对地的一定负电位，使在一定距离内管线电位达到起保护作用的电平。因此，这一负载的性质是当金属管道的保护层完好无损即未被腐蚀时，仅从电源取很小电流；而当管线有腐蚀发生时，则为保持电位的恒定，就要获取更多功率。

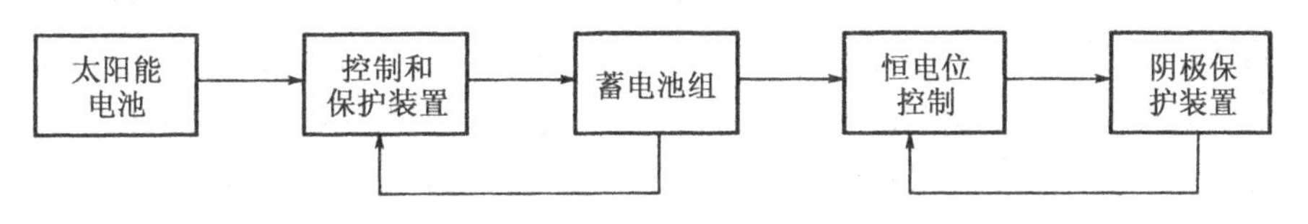

图 7.17　阴极保护系统组成

(1) 太阳能电池方阵峰值功率的确定。确定太阳能电池方阵峰值功率时，首先是由阴极保护的要求提出所需功率，这主要根据所用电极材料和管道所在位置的接地电阻和土壤导电情况等实测数据以及长期经验，定量估计对管道腐蚀条件下达到维护要求电位的电流大小，从而提出对电流长年不中断供电的功率大小要求。有了这一基本数据就可对光伏系统进行设计。

设计阴极保护系统光伏系统时，一般是根据当地太阳能资源状况再考虑电压调节器和蓄电池的充放电效率以及其他连接和保护器件的损失，从而确定所应配备的太阳能电池方阵峰值功率大小。

这里介绍简便做法。对于具有恒定负载的光伏系统，其负载电流为确定值。在考虑太阳能电池设计容量时，一般很难掌握当地详细的太阳能资料，为此国外是根据一个地区资源的宏观分布，将负载电流乘以扩大倍数从而确定太阳能电池方阵所需的组件数，而这个系数的变化范围为 6～11 的整数倍，太阳能丰富区取小值。如美国就将全国分成与此整数相应的一些区可直接采用，不妨类比借鉴。

大家知道，阴极保护是必须连续供电不能中断，太阳光是以 24 h 为周期断续的，因此在白天必须有足够的能量对蓄电池充电和向阴极保护供电，太阳能电池输出还必须考虑系统内所有损失及蓄电池充放电效率等，所以若以输出电流出发考虑太阳能电池容量时，只要合理地选择电流扩大倍数，是简单可行的办法。

(2) 太阳能电池方阵安装倾斜角的确定。大家知道，当太阳能电池板全年总是保持与入射太阳光成直角时，则能获得最大的能量。这要求在一年的不同季节，连续调整太阳能电池板的倾角及方位角使其达到最佳值，显然对阴极保护这样用于边远地区的装置既无必要又难以做到。因为阴极保护所要求的电流一般是恒定的，而在北半球冬季太阳能小于夏季，即使考虑夏季温度影响因素在内，只要满足冬季用电量要求，夏季必然是满足的。

对于北半球特定纬度的地区，由于太阳光总是从南面射入，因此电池板与水平面成倾斜角面向南安装这是人们所共知的常识。而倾斜角是与纬度密切相关的量。下面简单介绍一下这一角度的选取方法。

如图 7.18 所示。在同一纬度地区，一年中太阳高度角 α_s 是在同一区间变化的，冬至最低，夏至最高，只有在春分和秋分才与以纬度 ϕ 为倾斜角的平面垂直。而最大和最小高度角之差均为 23.4°，而 23.4°是夏至和冬至的赤纬角(夏至为正，冬至为负)。因此要使夏季获得最多的太阳能，其太阳能电池板安装倾斜角

$$Z=\phi-\frac{23.4^\circ}{2}$$

而要求冬季获得最多能量时

$$Z=\phi+\frac{23.4^\circ}{2}$$

全年均衡使用，显然倾斜角应是纬度角。一般总是稍大于纬度，以有利于冬季。

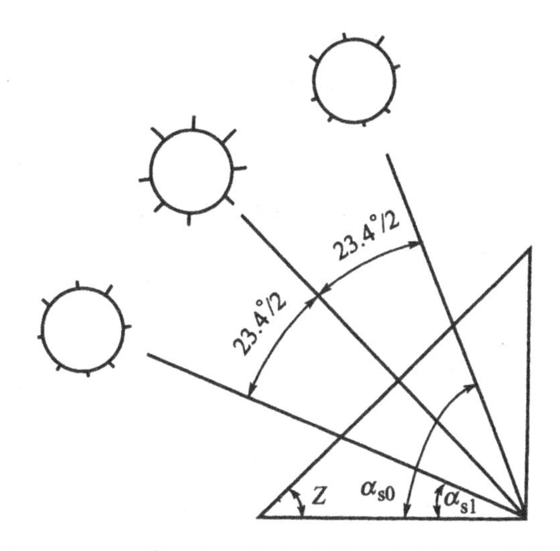

图 7.18 太阳能电池板倾斜角与纬度的关系

(3) 系统平衡部件的选取原则。由于这部分内容与其他光伏系统基本相同，所以不再多述，仅就用于阴极保护的特殊情况进行补充。

阴极保护用于长距离石油或天然气管道时，一般气候条件恶劣、风沙大、温度变化剧烈，蓄电池和控制器的防护条件差，但为了防腐，要求运行绝对可靠，并且无人经常维护。因此，蓄电池和控制所需元器件必须是具有高可靠性和耐恶劣气候的特性。

首先，蓄电池选取的是少维护甚至是免维护和寿命长的。为了适应某些地区极端最高温 50℃和极端最低温－40℃的恶劣条件，经常需埋设于地下。蓄电池容量选取可考虑 4～5 d 连续无充电条件下保证供电再计入蓄电池放电深度即可。

控制器所用器件应是“工业品”，即在 25～70℃范围内能可靠运行，继电器应是密封的，而控制器的制造应做到基本不维护，即使需要维护，应将查找故障的困难减至最小限度。

7.4.2.3 阴极保护电源的设计案例

针对新疆某地石油输送管道的阴极保护要求，设计和建立了几个光电系统。其技术条件为：供电电压标称为 24 V，供电电流为 5 A，每个站保护距离左右各 25 km，24 h 不间断，系统无人值守，定期巡视。

(1) 太阳能电池方阵容量配置。按前述的电流扩大倍数方法计算，根据新疆地区太阳能资源丰富的特点取系数为 7，则太阳能电池方阵的峰值电流为 35 A，按标准太阳能电池组件最大功率点电压为 17 V，则太阳能电池方阵峰值功率为 1190 W_p。然后按每板容量串、并联组成容量相近的系统。

(2) 蓄电池组。首先对容量大小是这样考虑的：当 4～5 d 不能充电条件下要继续保证供电，一般充放电效率为 0.7，则有

$$5\times24\times\frac{5}{0.7}=857(\text{A}\cdot\text{h})$$

选取 800A・h，24V 的容量。而类型选取考虑当地气温变化大、维护条件差的特点，采用碱性电池，取其耐低温、过充过放能力强和维护简单方便的优点。

(3) 控制器和其他附属品的设计选取。采用简单的开合继电器的办法来调节充电电流的大小，由蓄电池电压检测和温度传感元件来控制通断电平，整个装置要适应夏天 40℃和冬季－25℃的温度变化，电子器件选用“工业品”，为了满足当地沙尘大的气候条件，采用封闭结构。此外，整个装置的防雷保护是必须配备的。

(4) 安装倾斜角。该地纬度为 42°，根据使用要求为主，要保证冬季用电量，因此按上述方法计算安装倾斜角为 54°。

第8章　太阳能光伏发电系统的应用

太阳能作为一种巨大、清洁、普遍的可再生能源，将有望在能源方面成为21世纪人类构建和谐社会的可靠保障。太阳能的各种应用基于太阳能的光热、光电、光化学三种转换效应。

8.1　太阳能光伏发电技术的应用优势

利用太阳能电池发电是基于从光能到电能的半导体特有的量子效应（光伏效应）原理。太阳能发电（这里主要指利用太阳的光能）所使用的能源是太阳能，而由半导体器件构成的太阳能电池是太阳能发电的重要部件。太阳能电池可以利用太阳的光能，将光能直接转换成电能，以分散电源系统的形式向负载提供电能。通过对生物质能、水能、风能和太阳能等几种常见新能源的对比分析，可以清晰地看出太阳能发电具有以下独特的优势。

（1）在利用太阳能方面优势包括：① 能量巨大、非枯竭、清洁；② 到处存在、取之不尽、用之不竭；③ 能量密度低、输出功率随气象条件而变；④ 直流电能、无蓄电功能。

（2）将光能直接转换成电能方面优势包括：① 阴天、雨天可利用散乱光发电；② 结构简单、无可动部分、无噪音、无机械磨损、管理和维护简便、可实现系统自动化、无人化；③ 可以方阵为单位选择容量；④ 重量轻、可作为屋顶使用；⑤ 制造所需能源少、建设周期短。

（3）构成分散型电源系统。① 适应发电场所的负载需要、不需输电线路等设备；② 适应昼间的电力需要、减轻峰电；③ 电源多样化、提供稳定电源。

8.2 太阳能光伏技术在不同领域的应用

8.2.1 太阳能光伏技术在照明领域的应用

太阳能灯是一种利用太阳能作为能源的灯，只要阳光充足就可以就地安装，不必远距离连接电网，十分方便。太阳能亮化照明技术主要的优点无运行成本，安装简单方便、不需要维护，使用寿命长，不会破坏环境。但前期投资大、功率小、电池板对城市景观影响较大等。

8.2.1.1 太阳能草坪灯

太阳能草坪灯主要用于公园、住宅小区、工业园区绿化带、旅游风景区、景观绿地、广场绿地、家庭院落等任何需要照明和亮化点缀的草坪、小河边及崎岖小路等，具有安全、节能、环保、造型美观、安装方便等特点。它白天利用太阳能电池的能源为草坪灯存储电能，天黑后，蓄电池中的电能通过控制电路为草坪灯的光源供电。第二天早晨天亮时，蓄电池停止为光源供电，草坪灯熄灭，太阳能电池继续为蓄电池充电，周而复始、循环工作。通过不同的控制电路可以实现草坪灯的光控开/光控关、光控开/时控关、全功率开/半功率关等各种控制方式。

太阳能草坪灯高度一般为 0.6～1 m，灯体材料有不锈钢、压铸铝、塑料、铁件等。太阳能草坪灯虽然灯体式样各异，但其内部控制电路、光源及蓄电池容量等配置却大同小异。照明光源一般都选择 2～15 颗超高亮度 LED 订构成 0.1～0.9 W 不等的光源，太阳能电池板的发电功率一般都在 0.8～3 W 之间，蓄电池一般都选择 3.6 V、1～2 A·h 的镍氢电池、锂电池，或者 6 V、1.2～4 A·h 的铅酸蓄电池等。太阳能草坪灯的照明时间一般都能达到每天 8 h 以上，且根据配置不同能保证 3～5 个阴雨天的连续工作。太阳能草坪灯的典型配置构成如表 8.1 所示。

表 8.1 太阳能草坪灯典型配置

序号	照明光源	太阳能电池/W	蓄电池	控制器	光照度/lx	全天照明时间/h	连续阴雨天/d
1	LED/0.13W	0.5	1A·h/3.6V	4V/0.2A	7	8～10	2
2	LED/0.3W	0.9	2A·h/3.6V	4V/0.6A	5	6～10 可控	2

续表

序号	照明光源	太阳能电池/W	蓄电池	控制器	光照度/lx	全天照明时间/h	连续阴雨天/d
3	LED/0.7W	2.2	4A·h/6V	6V/0.8A	10	6～10可控	3
4	LED/0.7W	2.8	4A·h/6V	6V/0.8A	10	6～10可控	5
5	LED/0.85W	3.5	7A·h/6V	6V/0.8A	14	6～10可控	5

8.2.1.2　太阳能楼宇照明系统

太阳能楼宇照明系统采用太阳能电池组件发电为楼道及楼门口的照明灯供电，每个单元配置一套系统，如图8.1所示。该系统具有节能、寿命长、不受停电影响、住户无共摊电费等优点。该照明系统还可以和单元的楼宇对讲系统及紧急通道指示灯等合并供电使用，实行一个单元一套系统，实现单元楼道公共用电的太阳能供电化。

太阳能楼宇照明系统的设计方案如下：

(1) 每层单元楼道安装一只1W的LED灯，采用声光控开关，以6层楼为例，共安装7只LED灯。

(2) 每盏灯每次点亮后，会延时1～2 min熄灭，由于用电很省，所配蓄电池可以提供10～15个阴雨天的正常供电。

(3) 为防止长时间连续阴雨天，蓄电池得不到太阳能的能量补充，系统具备采用交流市电补充充电的功能，当蓄电池电量不足时，系统将自动切换到交流电充电模式，蓄电池充满电后自动关断，系统又返回到太阳能充电模式。

(4) 太阳能电池组件安装在楼顶，面向正南向阳处。

太阳能楼宇照明系统的配置如下：

(1) 太阳能电池组件选用一块峰值发电功率为25 W、峰值工作电压为34 V左右的晶体硅组件。

(2) 蓄电池选用24 A·h/12 V储能型铅酸蓄电池2块。

(3) 照明灯为1 W/24 V超高亮度LED灯7只。

(4) 控制箱部分包括充放电控制器、直流稳压器、蓄电池、交流充电器及工作状态显示数字表头等。

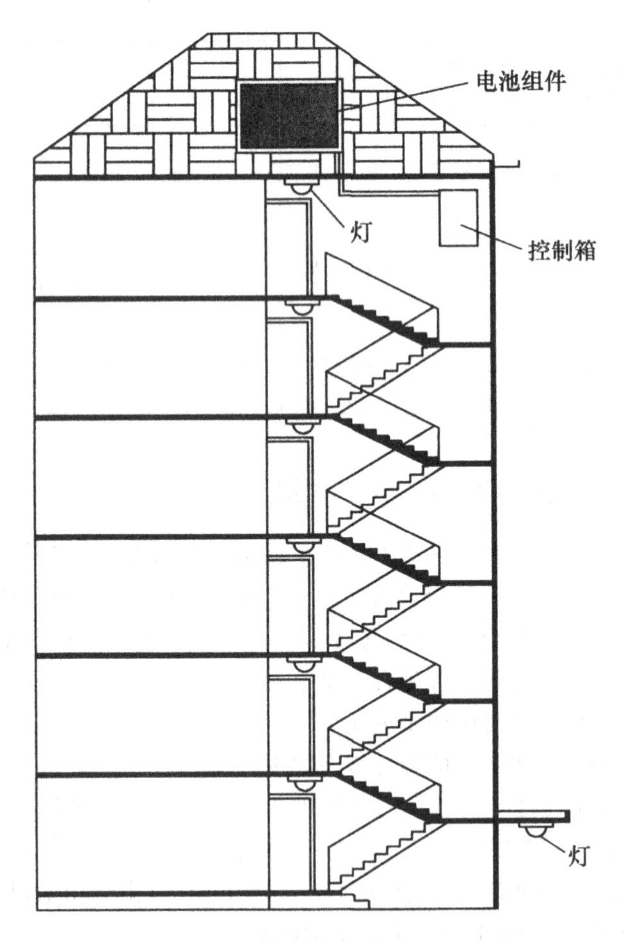

图 8.1 太阳能楼宇照明系统示意图

8.2.2 太阳能光伏技术在交通领域的应用

8.2.2.1 太阳能汽车

随着石油储量的逐渐枯竭，人们开始探索利用清洁的可再生能源作为动力，于是太阳能汽车应运而生。至今，各国已经制造出很多种太阳能汽车，澳大利亚、美国等还定期举行太阳能汽车比赛，从 1987 年以来，松下世界汽车挑战赛每两年举行一次，从澳大利亚北领地普库达尔文出发，向南行驶，到达南澳大利亚州阿德莱德，全程长 3000 km。2007 年的比赛共有 38 辆来自世界各地的太阳能汽车比赛，最后荷兰得尔夫特科技大学太阳能车队的"Nuna4"太阳能汽车获得冠军，"Nuna4"型太阳能汽车上部覆盖了6 m^2 总计2318块太阳能电池，这些电池会向29块锂电池充电，最后由锂电池带动7.5马力的电动机运转，驱动整台汽车，"Nuna4"型太阳能汽车加上驾驶员总重约190 kg，可以保持128 km/h的行驶速度。

图8.2所示是一款名为Sunswift IVy的太阳能汽车，造价是17.5万英镑(约合27.7万美元)。由新南威尔士大学(the University of New South Wales)太阳能赛车团队设计。该车是为2009年的WSC(World Solar Challenge)世界太阳能汽车挑战赛而准备的，这已经是该学校的太阳能赛车团队自1996年正式组建以来制造出的第四辆太阳能汽车，而这个团队的上一个结晶是2005年WSC准备的Jaycar Sunswift Ⅲ，当时该车就已经获得了业界很高的评价和关注。Sunswift IVy的电池组由400个左右的硅电池构成，重仅为25 kg，可输出1200 W的功率，仅相当于我们常见的烤箱或者空调的功率，带着太阳能赛车，以87 km/h的速度创下了新的吉尼斯世界纪录。太阳能汽车的原速度纪录为每小时49英里(约合78 km/h)，由通用汽车公司的Sunraycer于1988年创造。此次驾驶这部太阳能汽车的是来自特斯拉澳洲分部的两位职业车手。

图8.2　Sunswift IVy太阳能汽车

太阳能汽车在构造上与传统的汽车有很大差别，太阳能汽车没有发动机、驱动变速箱等机械构件。太阳能汽车的行驶只要控制流入电动机的电流就可解决。全车主要有如下3个技术环节：

(1) 将太阳光转化为电能。

(2) 将电能储存起来。

(3) 将电能最大限度地发挥到动力上。

所以太阳能汽车的主体是由太阳能电池板、储电器件和电动机系统

3大部分组成的。太阳能汽车所采用的高效太阳能电池、应用特殊的轻型材料、车体结构等都要进行专门的设计制造；太阳能汽车的使用与天气有关，如长期遇阴雨天，会影响使用。

据估计，如果由太阳能汽车（图8.3）取代燃汽车辆，每辆汽车的二氧化碳排放量可减少43%～54%。

图8.3　太阳能汽车

太阳能发电在传统汽车上的应用主要有两种形式，如图8.4所示。

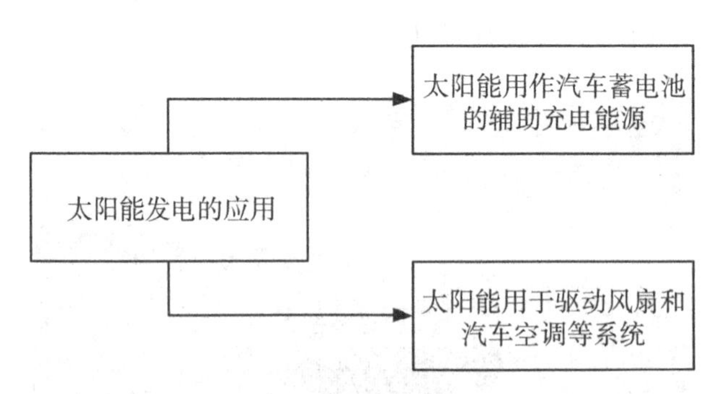

图8.4　太阳能发电在传统汽车上的应用形式

8.2.2.2　太阳能游船

太阳能游船利用太阳能提供电力。太阳能游船光伏系统的主要组成部分如图8.5所示。

中国早在1982年举行的第14届世界博览会上就展出了“金龙号”太阳能游船，引起了人们的广泛关注。近年来，太阳能游船得到了更多的发展。在英国伦敦海德公园的湖面上，一艘完全利用太阳能驱动的游船格外引人瞩目。太阳能游船长14.5 m，载客量42人，平均速度为6 km/h，游船顶部装有27块太阳能电池板，能够将太阳能转换为电能储存起来，为游船提供充足的动力。这艘太阳能游船最大航程为132 km，造价为23万英镑，虽然造价比同样大小的柴油动力游船高 20%，但在游船航行过程中，不消耗燃料，无噪声，无污染。在德国的湖上有一艘太阳能游船，长 27 m，重 42 t，有两个马力均为 8 km 的发动机。在有阳光的日子，它可以载运 100 名游客，工作 16 h。

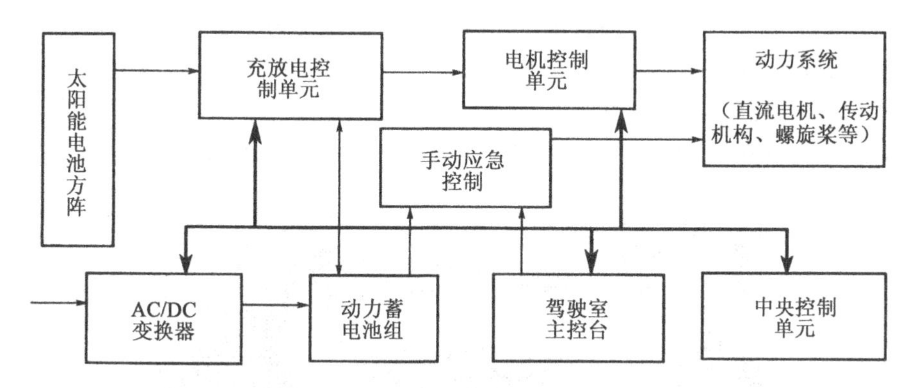

图 8.5　太阳能游船光伏系统方框图

我国第一艘太阳能混合动力游船“尚德国盛号”于 2010 年 6 月 6 日在上海黄浦江畔起航（图 8.6）。该船首次将太阳能电力导入游船动力，将混合动力模式引入船舶建造，其最具特色的“太阳翼”高 10 m、宽 5 m。采用高效晶硅异型太阳能电池 70 余片，可跟踪阳光照射方向自动旋转，综合选择风力、风向，最大化利用太阳能。“尚德国盛号”总长 31.85 m、总宽 9.8 m、高 7 m，可容纳 150 余名游客。在不同的日照情况下，船体行驶所使用的动力可在太阳能和柴油机组间进行自动调配，时速近 15 km，节省电力和减排均达到 30%以上。

图 8.6　“尚德国盛号”太阳能游船

如图 8.7 所示是世界上最大的太阳能船于 2010 年 2 月 25 日在德国基尔亮相，这艘被命名为“星球太阳能号”(Planet Solar)的船在 2011 年展开完全依靠太阳能驱动的环球航行探险。“星球太阳能号”长 31 m、宽 15 m、排水量 60 t，最高船速可达 14 n mite/h(26 km/h)。造价 1800 万英镑(约合 1.8 亿元人民币)，运用太阳能以及其他清洁能源为主要动力，轮船表面覆盖有近 500 m^2 的黑色太阳能板，与位于中间的白色驾驶室形成了鲜明的对比，总共能够承载 50 名乘客，它的瑞士制造商说，“星球太阳能号”的设计达世界先进水平，可在汹涌波涛中顺利航行，航行过程安静、清洁。

图 8.7 “星球太阳能号”(Planet Solar)太阳能游船

随着科技的进步，太阳能电池的效率逐渐提高，成本不断下降，太阳能游船也将逐步得到推广和应用。

8.2.2.3 太阳能飞机

随着科技的进步，太阳能电池的效率有了提高，价格也在不断下降，这为开拓新的光伏应用领域创造了条件，利用太阳能作为飞机的动力是人们长期以来的梦想。

太阳能飞机是以太阳辐射作为推进能源的飞机。从 20 世纪末开始，人们就开始进行探索，先后制造了“太阳神号”“天空使者号”“西风号”“太阳脉动号”等几架经典的太阳能飞机。

(1)“太阳神号”太阳能飞机。“太阳神号”太阳能飞机的实物图如图 8.8 所示。

图 8.8　“太阳神号”太阳能飞机

(2) “西风号”(Zephyr)太阳能飞机。“西风号”太阳能飞机的实物图如图 8.9 所示。

图 8.9　“西风号”(Zephyr)太阳能飞机

(3) “太阳动力号”(Solar Impulse)太阳能飞机。“太阳动力号”太阳能飞机的实物图如图 8.10 所示。

图 8.10 “太阳动力号”(Solar Impulse)太阳能飞机

阳光为太阳能飞机源源不断地提供能量，造就了它惊人的续航力。早在 2003 年，瑞士探险家贝特朗·皮卡尔就提出了太阳能飞机载人环球飞行的构想，这一计划被命名为“太阳动力”，其最终的目标是用太阳能飞机实现永久飞行。2006 年研究团队开始研制第一架样机，所采用的超轻材料、太阳能电池、能量管理系统、驾驶员健康检测系统等都代表着最新的技术水平，项目总投资为 7000 万欧元。按照设想，“太阳动力号”太阳能飞机将由碳纤维制成，外形像一只巨大的蚊子。2009 年第 1 架飞行样机(HB-SIA)完成，其主要技术参数如下。

(1) 有效负载：锂离子电池 450 kg，容量 90 kW·h。

(2) 长度：21.85 m。

(3) 翼展：63.4 m，与空中巴士 A340 相近。

(4) 高度：6.40 m。

(5) 机翼面积：200 m^2，由 11628 片厚度为 145 μm 的单晶硅电池组成。

(6) 加载质量：1600 kg，只相当于一台房车。

(7) 最大起飞质量：2000 kg。

(8) 动力：4 台 7.5 kW 电动机，与小型摩托车相当。

(9) 起飞速度：35 km/h。

(10) 巡航速度:70 km/h。

(11) 续航时间:36 h(预计)。

(12) 飞行高度:8500 m,最高 12 000 m。

2009 年 11 月样机载人试飞。2010 年 7 月 7 日成功进行了整个昼夜周期的飞行,飞行时间为 26 小时 10 分 19 秒,创造了太阳能飞机的新纪录。2010 年 4 月 7 日,试验飞行了 87min,高度达到 12000m。2011 年 6 月 14 日,经过了 16 小时 5 分飞行后到达了巴黎航空展览会现场,引起了航展观众的极大关注。在总结第 1 架样机的基础上建造的第 2 架样机(HB-SIB),其翼展为 80 m,比现在世界上最大的客机——空中巴士 A380(79.75 m)还宽。驾驶舱内将包括增压、补充氧气和各种各样环境支持设备,允许巡航高度为 12 000 m。冒险家皮卡德(54 岁)在当地时间 2012 年 6 月 5 日清晨 5 时 22 分天色微亮的时候,驾着"太阳动力号"太阳能飞机飞离马德里巴拉哈斯机场,开启太阳能飞机跨越欧洲和非洲的首航。

8.2.3　太阳能光伏技术在农业领域中的应用

光伏农业的主要优势如图 8.11 所示。

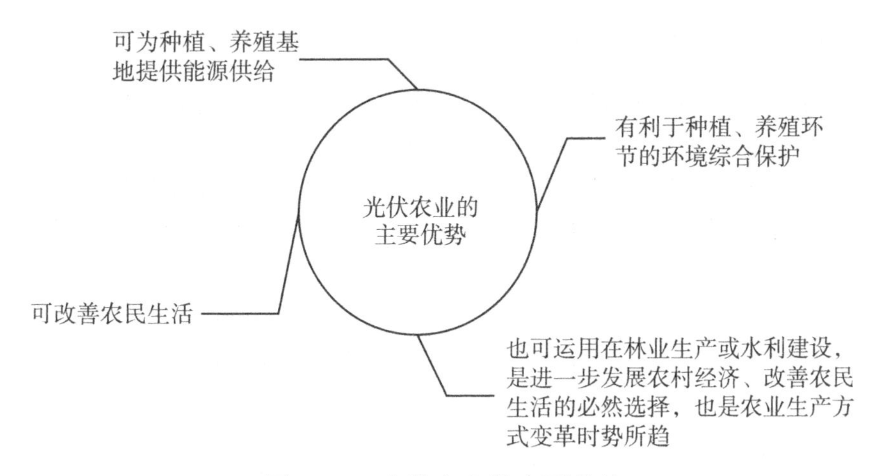

图 8.11　光伏农业的主要优势

太阳能光伏技术在现代农业中的应用相当广泛,具体如图 8.12 所示。

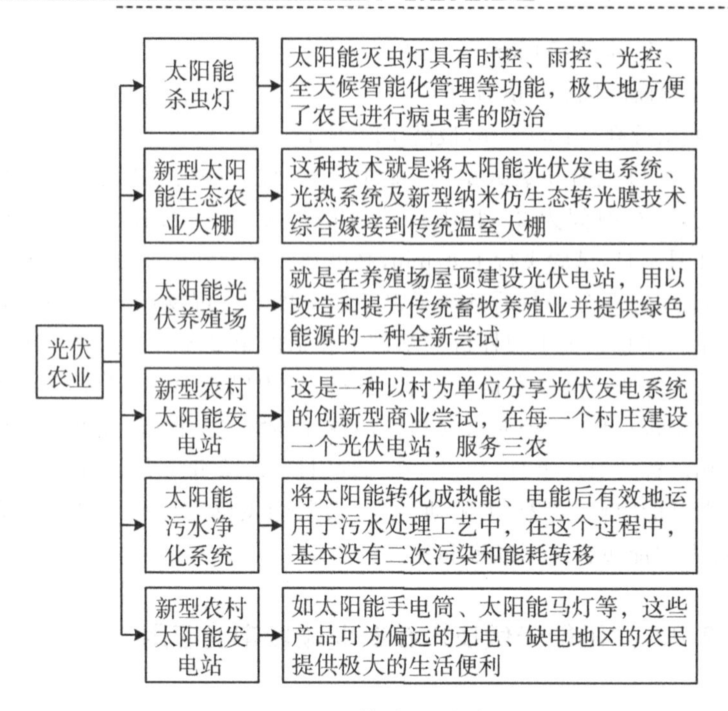

图 8.12　光伏农业的类型

8.2.3.1　太阳能杀虫灯

(1) 太阳能杀虫灯系统的构成与工作原理。太阳能杀虫灯或称太阳能高压杀虫灯，是太阳能发电技术和高压物理杀虫技术相结合而产生的一种农业高新技术产品。太阳能 LED 杀虫灯系统一般由太阳能电池组件、LED 灯头、控制箱、灯杆、捕杀器等部分组成。太阳能直流 LED 杀虫灯系统的工作原理如图 8.13 所示。

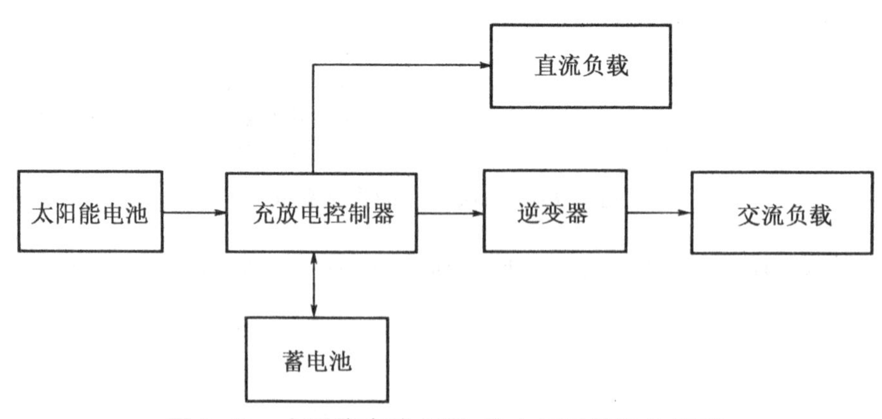

图 8.13　太阳能直流 LED 杀虫灯系统工作原理

太阳能杀虫灯可以使用直流电也可使用交流电。接下来，我们根据图8.13说明太阳能直流LED杀虫灯的系统工作原理。太阳能电池白天发电，经过充放电控制器把电能储存在蓄电池中；傍晚当照度逐渐降低至10l x以下，太阳能电池板的开路电压为4 V左右时，充放电控制器延时1 h以后动作；蓄电池通过控制器对LED灯和捕杀器的高压电网供电，或者只给LED灯供电，并在LED灯的下方采用其他诱捕器来杀灭害虫。一般蓄电池放电4～6 h后，就可以停止放电。

(2) 太阳能杀虫灯的特点。

a. 使用范围广，杀灭害虫种类多。太阳能杀虫灯能杀灭的害虫种类很多，在稻田其诱杀害虫率可达90%以上，其对蔬菜上的大部分常发性的害虫也有效。

b. 诱杀害虫数量大。一般来说，太阳能杀虫灯单灯控害面积为30～50亩，在靠近市区光源较充足的情况下，其控害面积约为15亩。将杀虫灯集中连片放置，其效率较高。太阳能杀虫灯杀虫的有效控制半径一般在几十米。

c. 不同时期、不同时段诱杀不同的害虫。根据这一特点，在实际使用时，可根据情况在下半夜将灯关闭，这样有利于节约电力成本以及延长杀虫灯灯管使用寿命。

d. 降低下一代的虫口密度。实践表明，太阳能杀虫灯可以大幅度压低下一代的虫口密度。

e. 对菜田天敌基本安全。太阳能杀虫灯本身并不能选择害虫或益虫，但是实验表明太阳能杀虫灯对天敌影响较小。太阳能频振式杀虫灯可诱杀到的益虫和中性昆虫种类有瓢虫、寄生蜂、隐翅虫、步甲、草蛉、蜻蜓等，一般诱杀益害比为(1∶80)～(1∶200)。

f. 节约能源，维护方便。利用太阳能，开发使用新能源，不架设常规电，排除了常规电不安全的因素。晚上自动开灯，白天自动关灯，确保能源供应，不需缴纳电费，管理费用低。

g. 对充电电路要求简单、无记忆效应、真正免维护、可密封。实现无公害，减少农药使用，没有污染，无残留，对人畜无害。

(3) 太阳能杀虫灯的效益。太阳能杀虫灯的主要效益有经济效益、生态效益和社会效益，具体如图8.14所示。

8.2.3.2　光伏水泵

太阳能光电水泵(亦称为光伏水泵)可以作为一个独立的工作系统随意安装到需要的地方，不需要架设线路，不消耗任何动力燃料，没有任何环境污染问题；其工作可靠、安装容易、维护简单。世界上已有成千上万台光电水泵在各地成功运行。

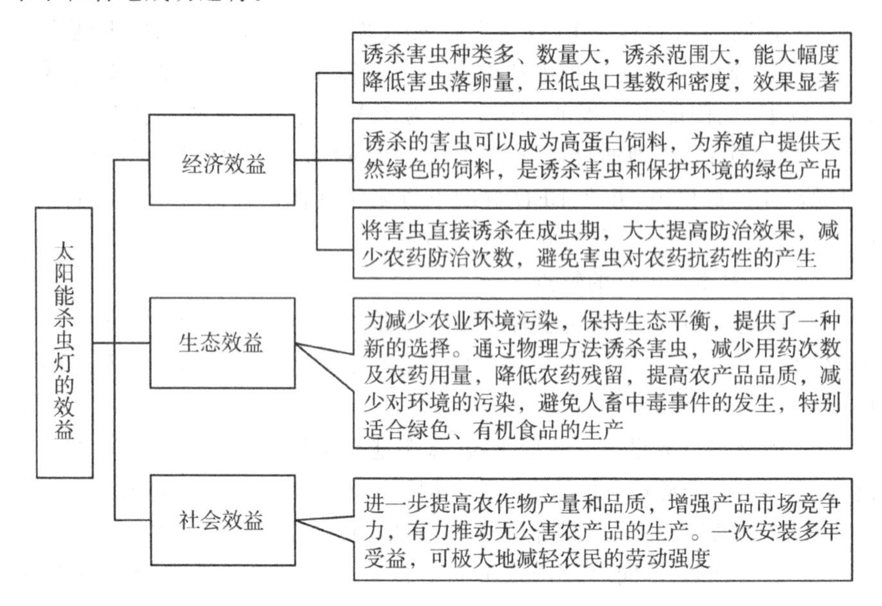

图 8.14　太阳能杀虫灯的效益

(1) 光电水泵系统的构成。光电水泵系统至少应包含三部分:太阳能电池方阵、电机和水泵,一般不需要有控制器,用交流电机的还要配逆变器。图 8.15 所示为光电水泵系统示意图;图 8.16 所示为光电水泵系统构成简图。

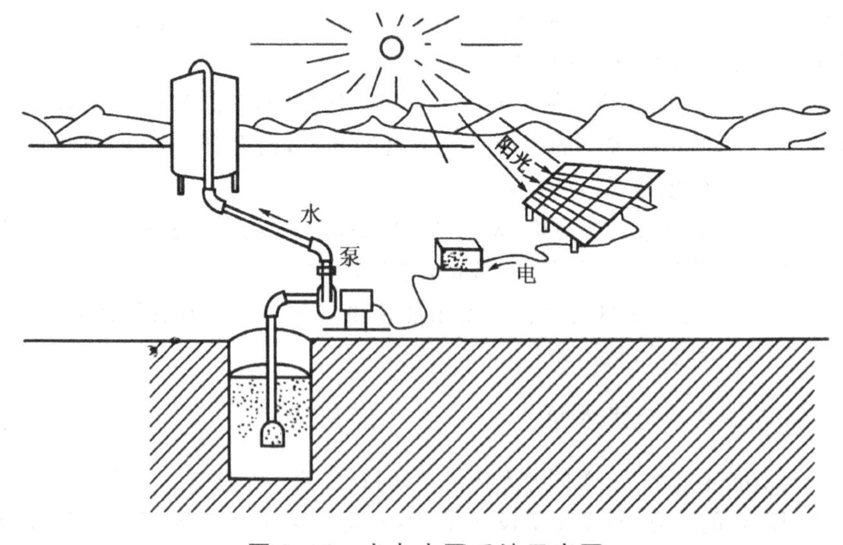

图 8.15　光电水泵系统示意图

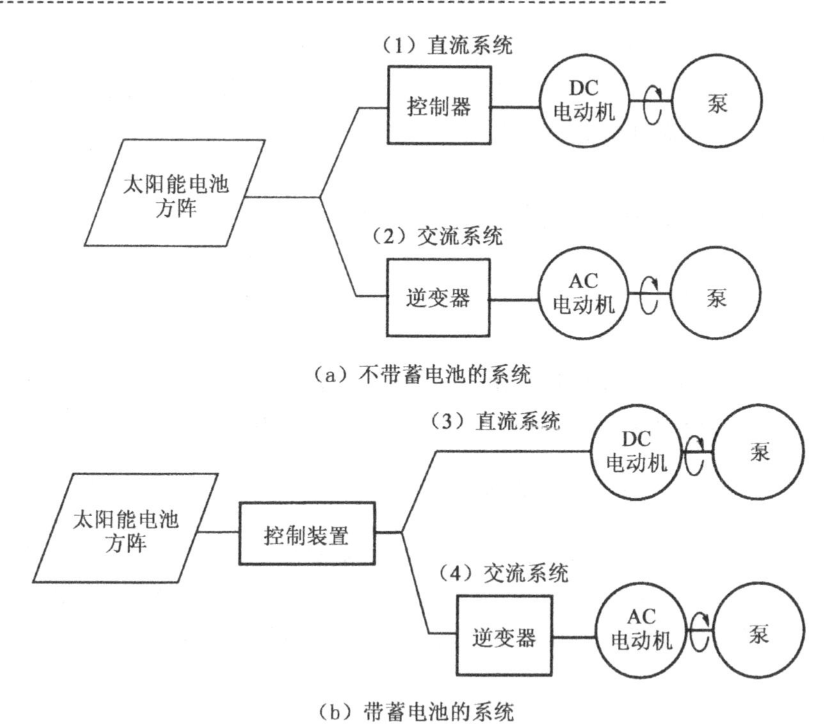

图 8.16　光电水泵系统构成简图

(2) 一种新型光伏水泵系统。图 8.17 描述的是一种可以评估直接耦合和带有 MPPT 控制的新型光伏水泵系统(PVPS)模型。为了设计高效的水泵系统,设计者需要考虑每日和季节需水量、井管的直径、静态和动态水深度。这些参数用来计算泵水时间、泵的尺寸。泵所需的功率决定负载的电压和电流,而且由此可以计算光伏系统的容量。

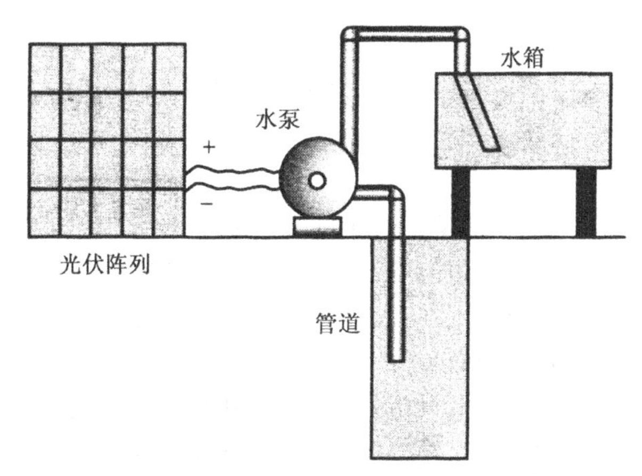

图 8.17　PVPS 模型

为了应对最坏的情形，系统设计能够满足可能的最大需水量是非常重要的。假定系统给牲畜提供足够的水源，需求量可以用每一种牲畜的平均消耗量来计算，而且日消耗量不变。

8.2.4　太阳能在电子领域的应用

随着半导体集成电路IC、LSI的发展使电子产品的耗电功率大幅度下降以及非晶硅电池的低成本制造成功，1980年太阳能电池在计算器上被应用。以后在钟表上应用，相继出现了太阳能计算器、太阳能钟表等电子产品，使太阳能电池在电子领域得到越来越广泛的应用。

8.2.4.1　太阳能计算器

图8.18所示为太阳能计算器的外观，太阳能电池为独立的系统，太阳能计算器一般采用非晶硅太阳能电池。对液晶显示的计算器来说，由于耗电较少，所以太阳能电池在荧光灯的光线照射下所产生的电力就足以满足其需要。

图8.18　太阳能计算器

8.2.4.2　太阳能钟表

图8.19所示为太阳能手表的外观以及断面图，太阳能手表采用非晶硅太阳能电池作为电源。太阳能电池较薄，可以做成各种不同的形状以满足各种手表对外观的要求。现在一般将透明、柔软的太阳能电池安装在本体内文字板的外圈并成圆形布置。

也有人在公园以及公共设施处看到过太阳能钟表。由于钟表技术的发展，节能的钟表不断出现，用小容量的太阳能电池作动力成为可能，图8.20所示为太阳能钟表的应用实例。

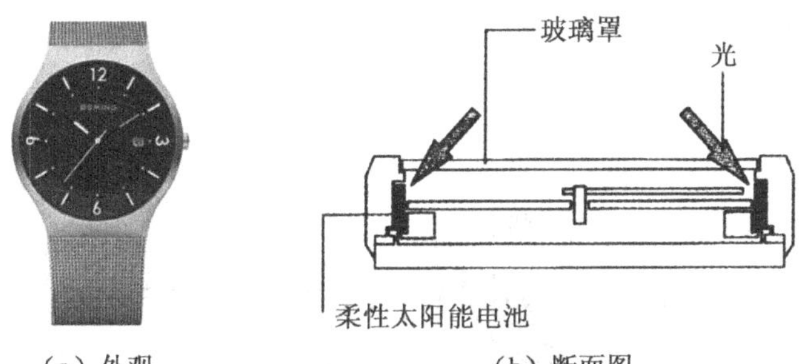

（a）外观　　（b）断面图

图 8.19　太阳能手表的外观及断面图

图 8.20　太阳能钟表的应用实例

太阳能电钟的系统方框图如图 8.21 所示，太阳能电钟的工作原理如图 8.22 所示。

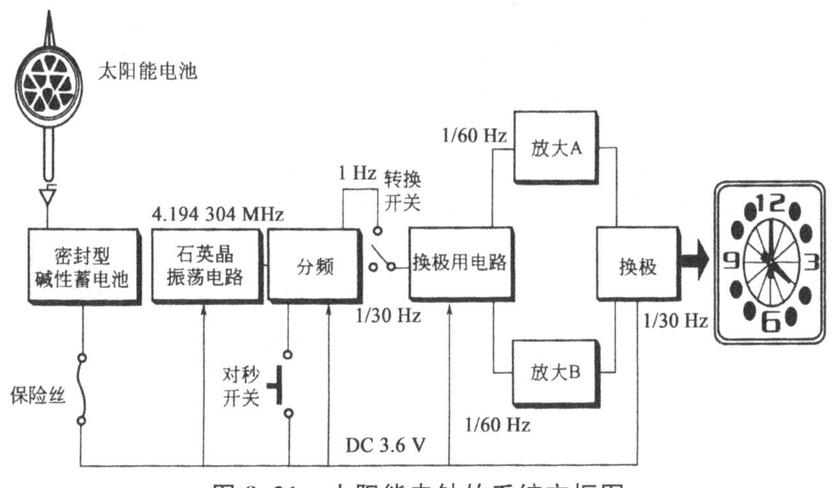

图 8.21　太阳能电钟的系统方框图

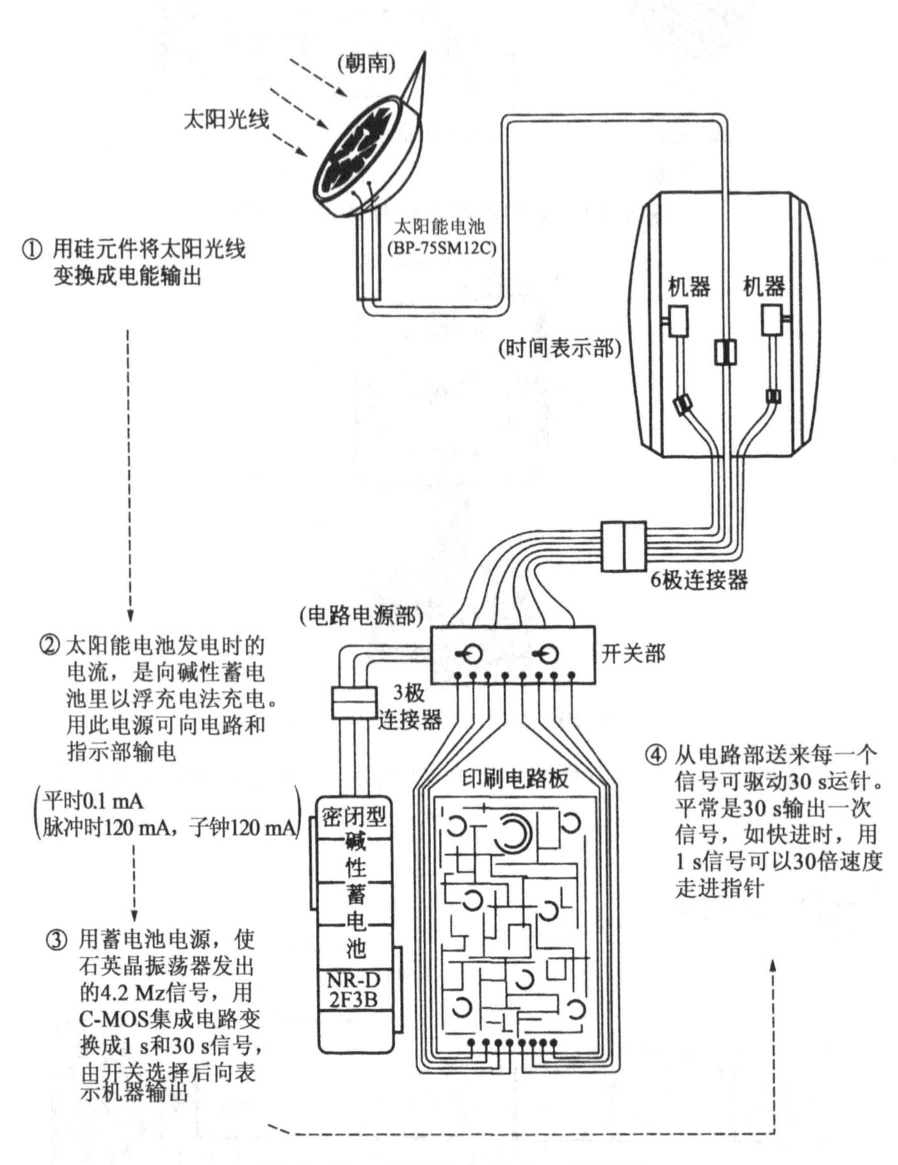

图 8.22　太阳能电钟的工作原理

(1) 结构和尺寸。太阳能电钟的结构和尺寸如图 8.23 所示。

(2) 部件。

a. 太阳能电池(图 8.24)。

b. 时钟部(图 8.25)。

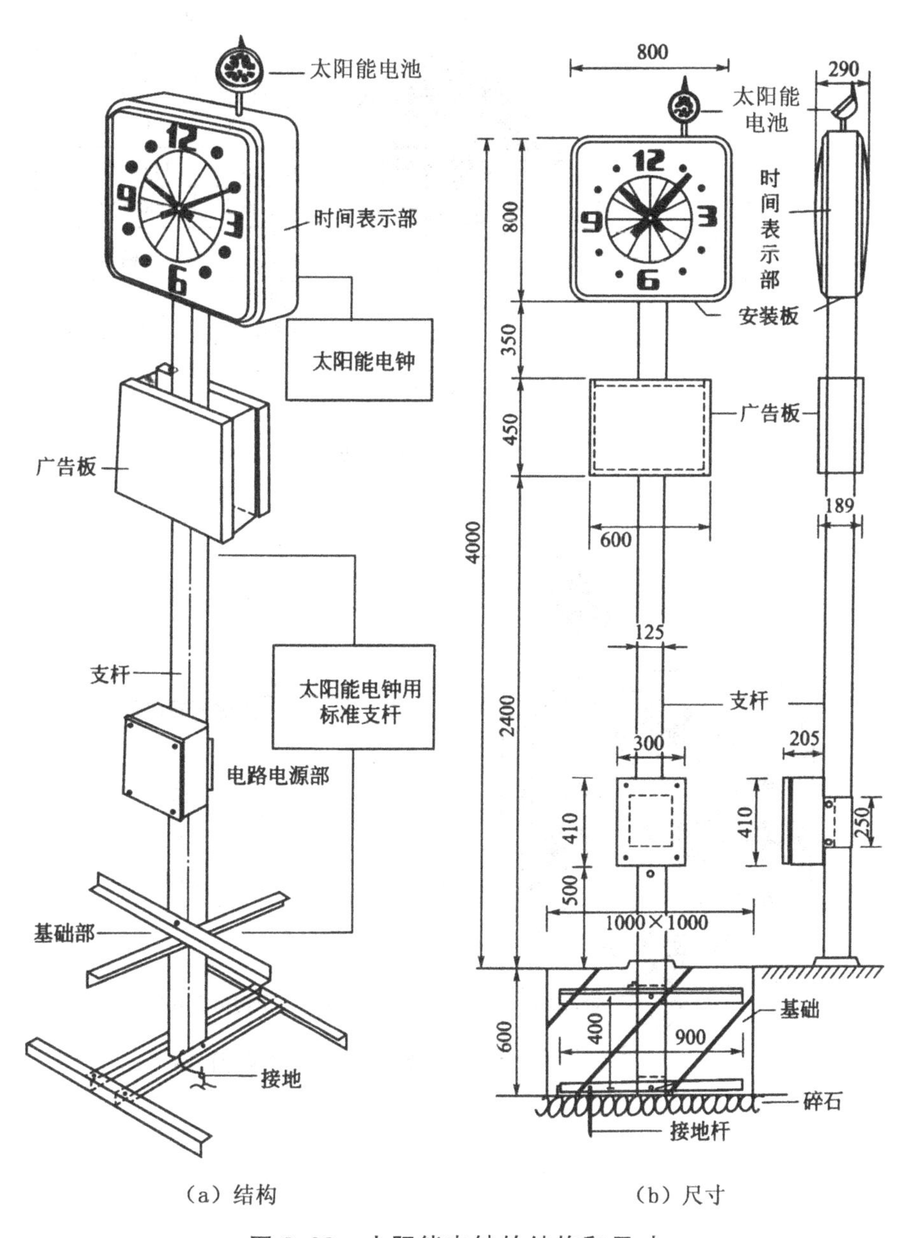

(a) 结构　　(b) 尺寸

图 8.23　太阳能电钟的结构和尺寸

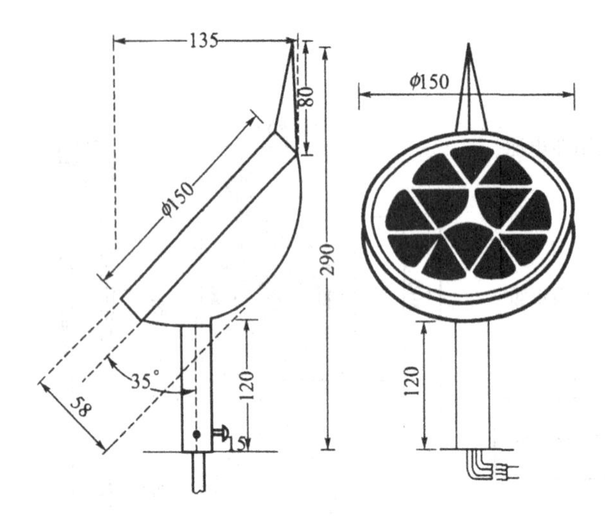

● 太阳电池规格

项目		规格
开路电压		6.8 V
短路电流		130 mA
最佳负载特性	电压	5.4 V
	电流	111 mA
	输出	600 mW
壳身、支杆赶鸟针		不锈钢
玻璃罩		钢化玻璃
太阳能电池元件		75φ⅙×12

图 8.24　太阳能电池

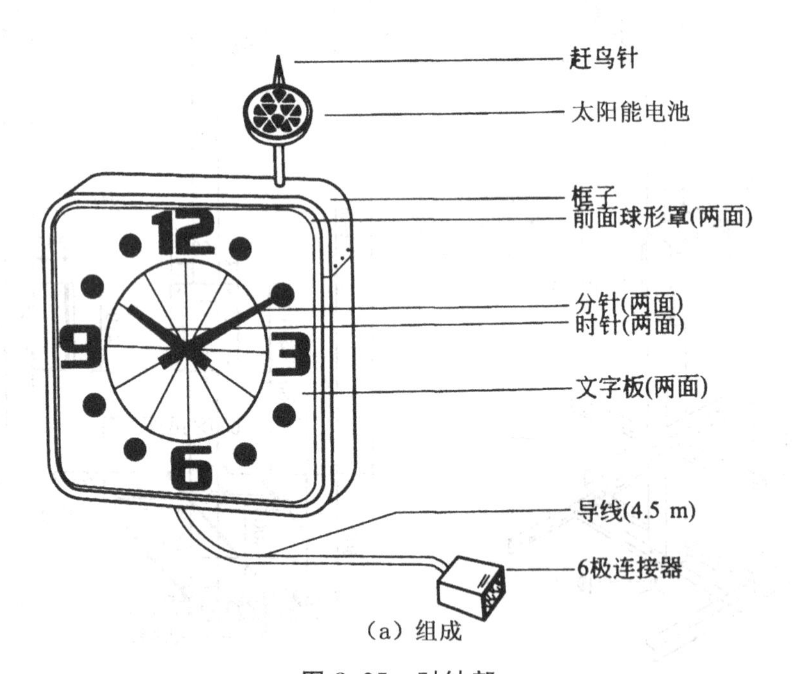

(a) 组成

图 8.25　时钟部

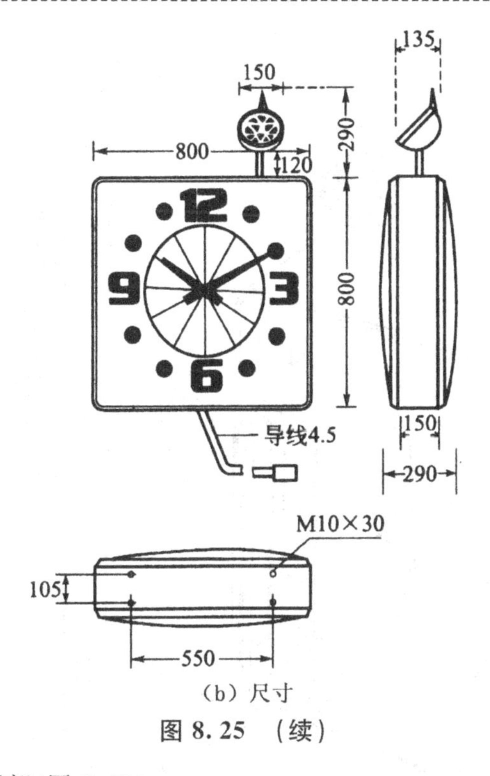

(b) 尺寸

图 8.25 (续)

c. 电路电源部(图 8.26)。

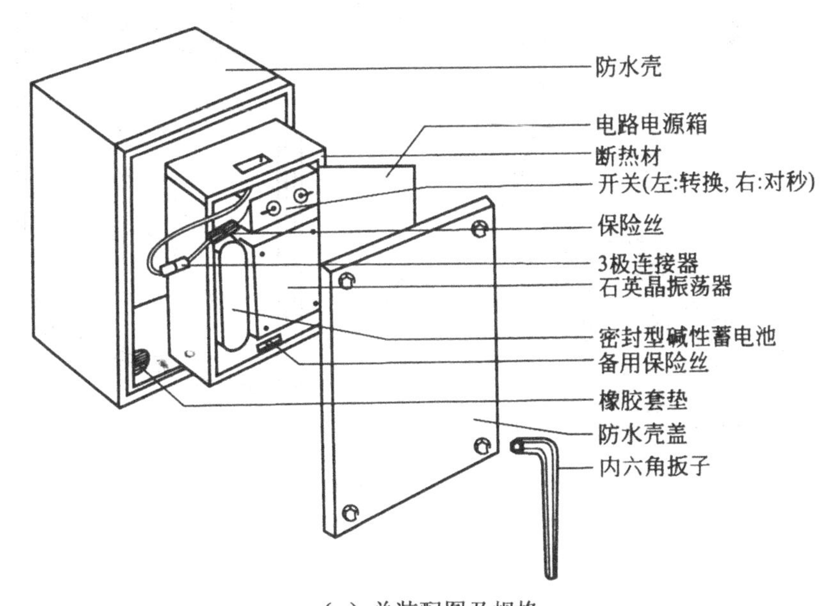

(a) 总装配图及规格

图 8.26　电路电源部

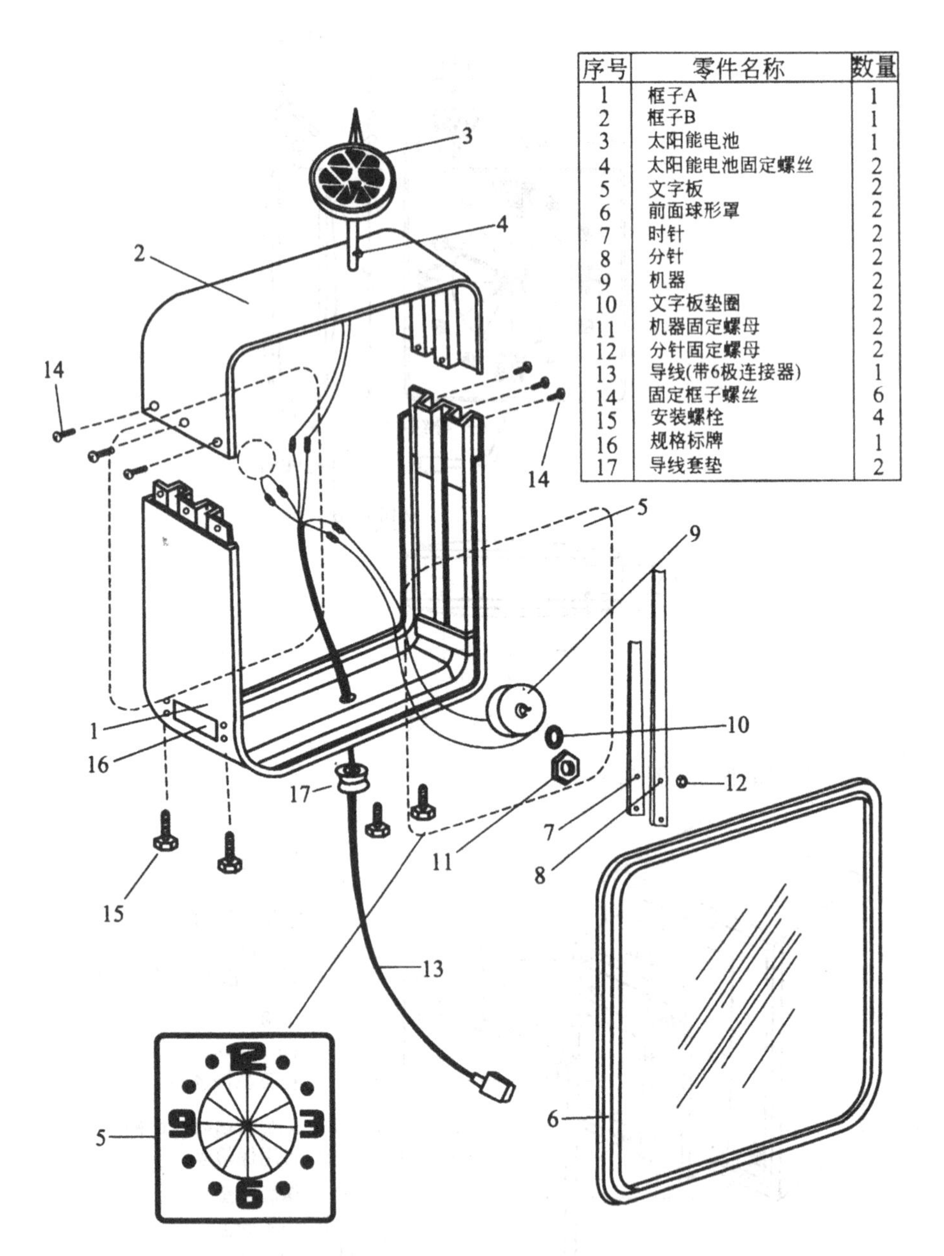

序号	零件名称	数量
1	框子A	1
2	框子B	1
3	太阳能电池	1
4	太阳能电池固定螺丝	2
5	文字板	2
6	前面球形罩	2
7	时针	2
8	分针	2
9	机器	2
10	文字板垫圈	2
11	机器固定螺母	2
12	分针固定螺母	2
13	导线(带6极连接器)	1
14	固定框子螺丝	6
15	安装螺栓	4
16	规格标牌	1
17	导线套垫	2

（b）零件名称及数量

图 8.26 （续）

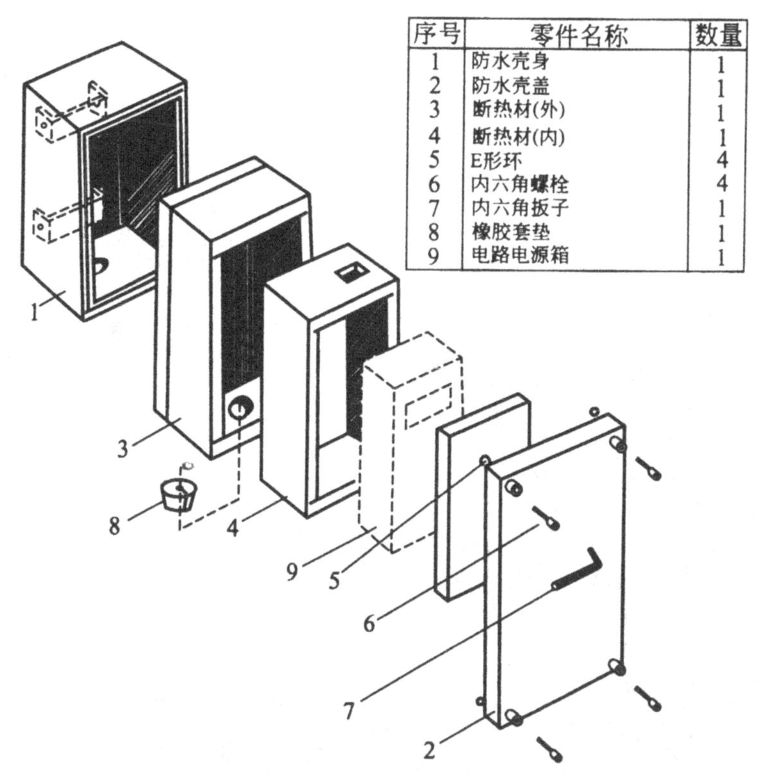

序号	零件名称	数量
1	防水壳身	1
2	防水壳盖	1
3	断热材(外)	1
4	断热材(内)	1
5	E形环	4
6	内六角螺栓	4
7	内六角扳子	1
8	橡胶套垫	1
9	电路电源箱	1

（c）防水壳零件名称及数量

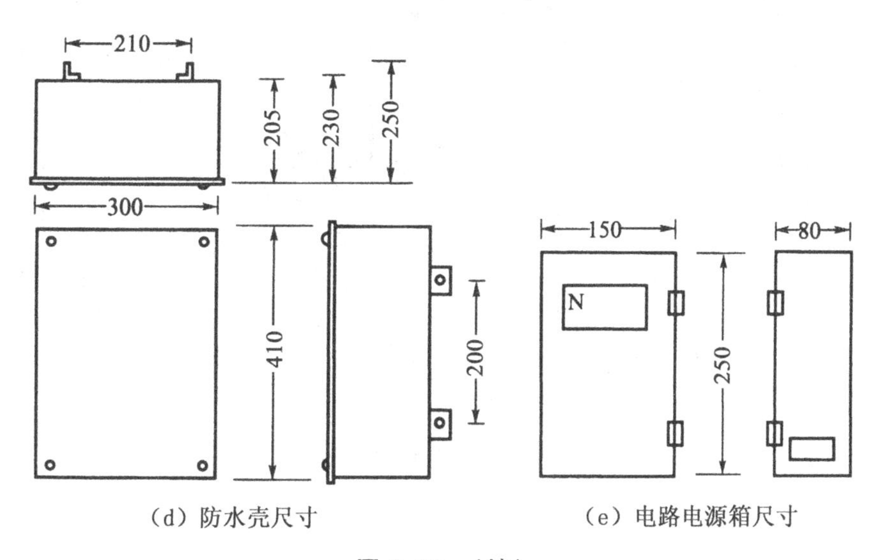

（d）防水壳尺寸　　　　（e）电路电源箱尺寸

图 8.26　（续）

电路电源箱如图 8.27 所示。

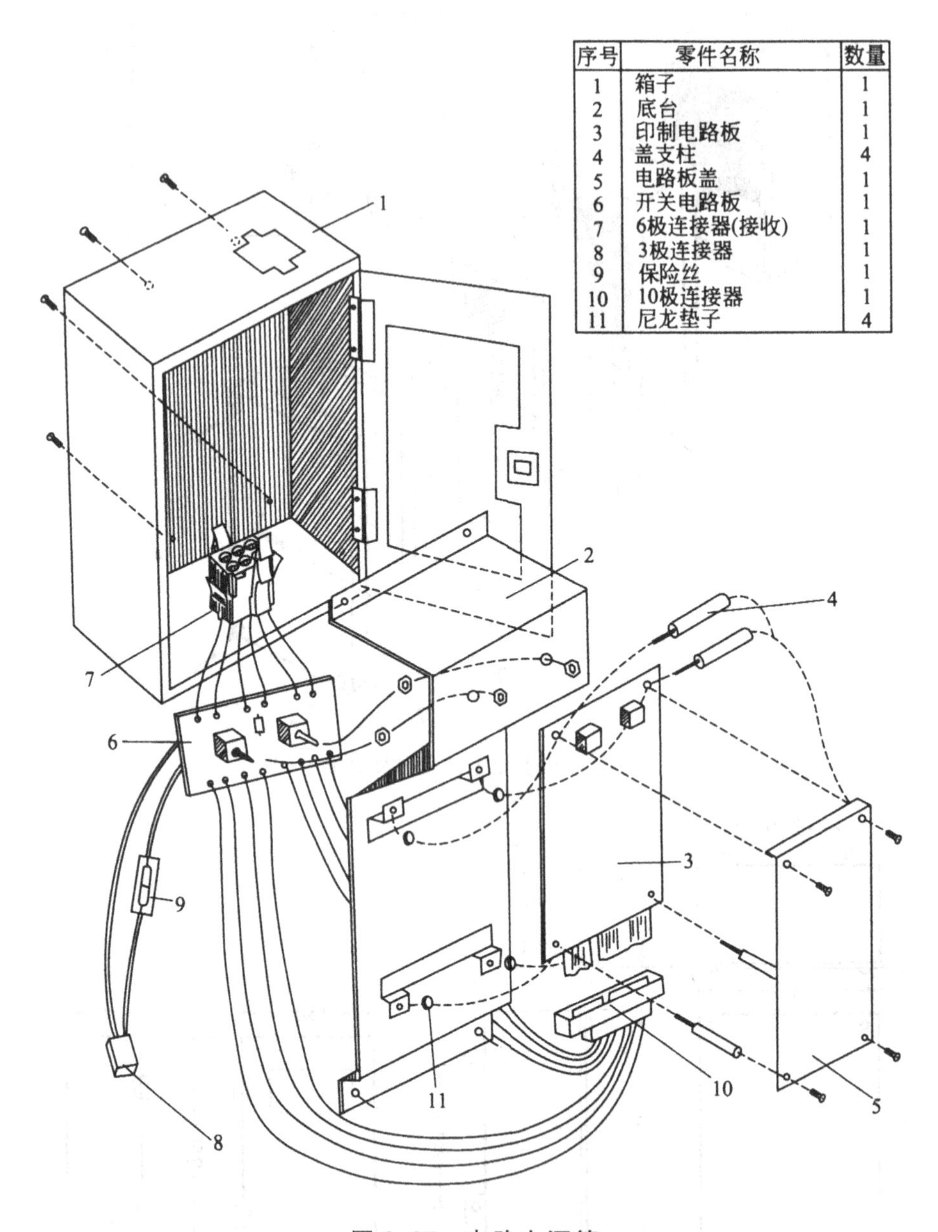

序号	零件名称	数量
1	箱子	1
2	底台	1
3	印制电路板	1
4	盖支柱	4
5	电路板盖	1
6	开关电路板	1
7	6极连接器(接收)	1
8	3极连接器	1
9	保险丝	1
10	10极连接器	1
11	尼龙垫子	4

图 8.27　电路电源箱

接线图如图 8.28 所示。

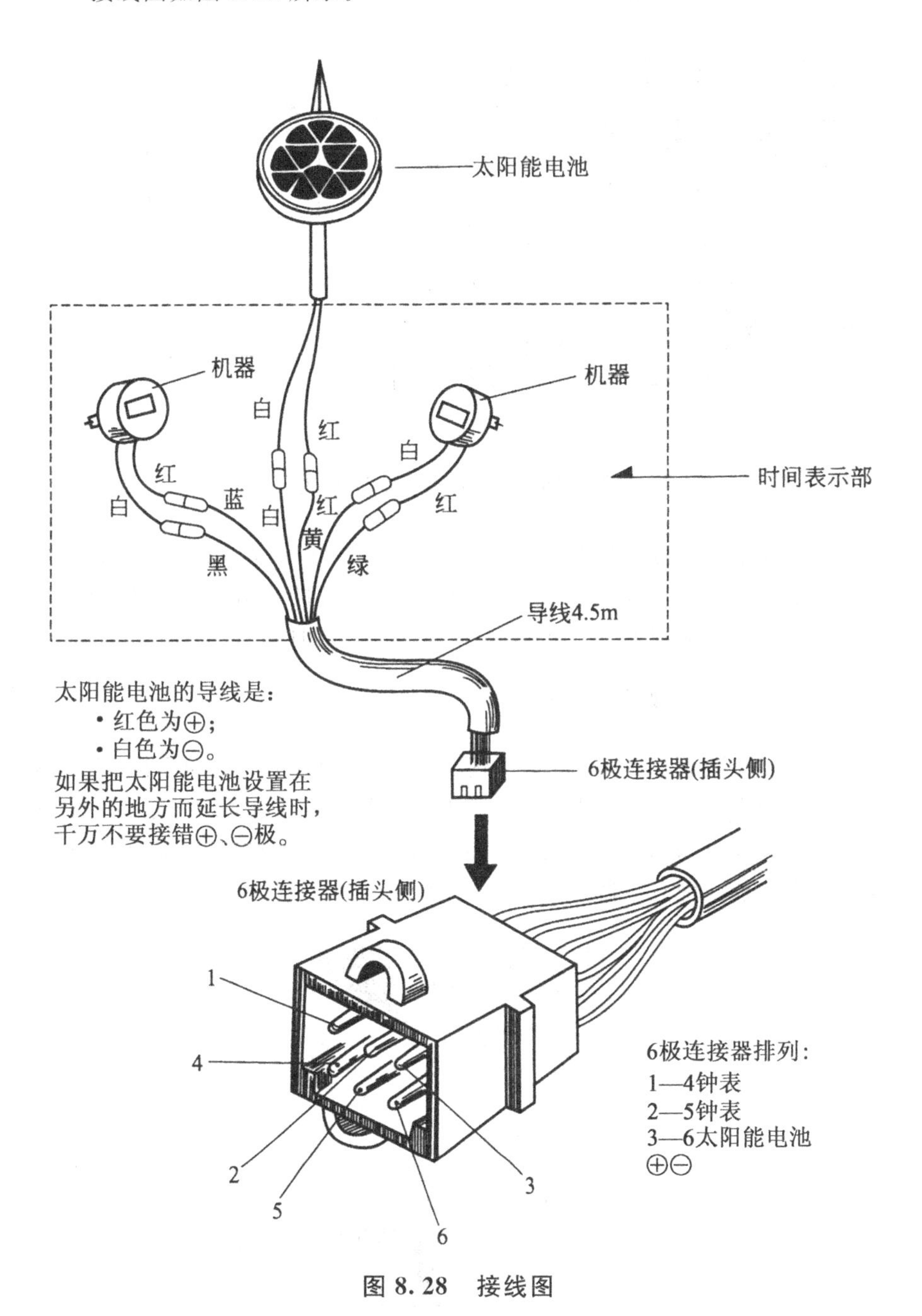

图 8.28　接线图

密封型碱性蓄电池如图 8.29 所示。

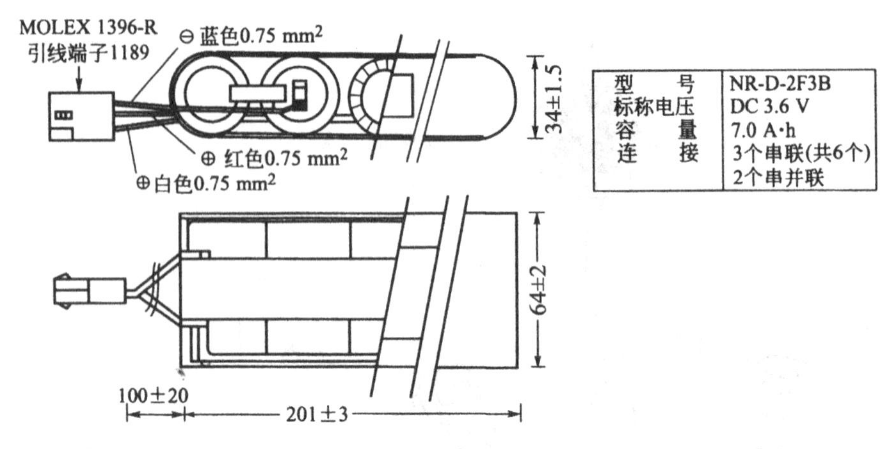

型号	NR-D-2F3B
标称电压	DC 3.6 V
容量	7.0 A·h
连接	3个串联(共6个) 2个串并联

图 8.29 密封型碱性蓄电池

白天太阳能电池所产生的电力直接驱动太阳能钟表，并将剩余电力通过蓄电池储存起来，日落后传感器感知太阳能电池的输出降低，这时控制器使蓄电池向太阳能钟表供电，以保证太阳能钟表走时准确。

8.2.4.3 太阳能充电器

（1）手机等用太阳能充电器。现在，带有小型充电电池的手机、笔记本电脑以及数字照相机等应用已非常普及。这些设备在远离固定电源的地方使用时存在充电的问题。太阳能充电器可以解决这个问题，图 8.30 所示为手机用太阳能电池充电器。

图 8.30 手机用太阳能充电器

(2) 车用蓄电池太阳能充电器。车用蓄电池如果长时间不使用时，由于自然放电会使蓄电池的电压下降。为了避免这种情况的发生，一般使用车用蓄电池太阳能充电器对蓄电池进行充电，图8.31所示为车用蓄电池太阳能充电器。由于车用蓄电池的电压为12 V，因此必须将数枚太阳能电池串联以满足车用蓄电池的电压的要求。因为一枚非晶硅太阳能电池可以获得比较高的电压，所以车用蓄电池太阳能充电器常用非晶硅太阳能电池。

图8.31 车用蓄电池太阳能充电器

除了上面提到的，太阳能光伏技术在电子领域的应用还有太阳能收音机(图8.32)、太阳能帽(图8.33)、太阳能玩具(图8.34)等。

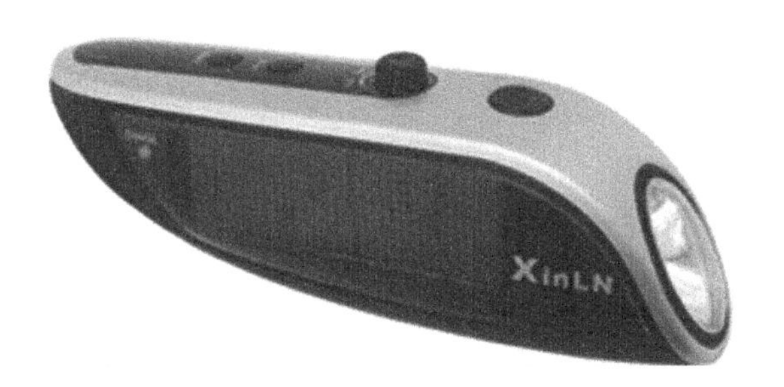

图8.32 太阳能收音机

图 8.33　带风扇的太阳能帽子

图 8.34　太阳能玩具

第9章　太阳能光伏发电新技术的应用

太阳能光伏发电应用到的技术有跟踪技术、分布式发电技术、智能微电网技术、聚光光伏发电技术、光伏建筑一体化技术等。

9.1　太阳能自动跟踪系统

太阳能光伏系统的输出功率与太阳的光照强度密切相关，聚光式太阳能电池主要利用垂直于凸透镜的平行光线发电，为了获得最大输出功率有必要使太阳能电池的倾角和方位角与太阳保持一致，这就需要使用太阳跟踪系统使太阳能电池始终跟踪太阳，以提高太阳能电池方阵的发电量。

跟踪式太阳能光伏系统(PV System)根据跟踪方式的不同可分为单轴(1轴)和双轴(2轴)跟踪，单轴跟踪是指调整太阳能电池板的倾角使之与太阳的高度保持一致，而双轴跟踪是指调整太阳能电池板的倾角以及方位角使之与太阳的方位和高度保持一致。太阳跟踪系统可分为平板式(无聚光)系统和聚光式系统两种，单轴和双轴跟踪可用于平板式和聚光式太阳能光伏系统。平板式(非聚光式)太阳能光伏系统主要由太阳能电池、支架、直流电路配线、汇流箱、功率控制器以及太阳跟踪系统等构成。聚光式太阳能光伏系统除了上述部分之外还有聚光装置等。

太阳跟踪系统由光传感器、驱动电机、驱动机构、蓄电池以及控制装置等构成。跟踪原理一般有两种：一种是利用光传感器检测太阳的位置，控制驱动轴，使太阳能电池正对太阳；另一种是程序方式，即根据太阳能电池安装的经纬度和时刻计算出太阳的位置，控制驱动轴使太阳能电池正对太阳。

驱动电机一般采用无刷直流电机，如步进电机等，旋回方向年平均1日1回，倾斜方向1日1/3回转，跟踪用电机的消费电力非常小，大约为太阳能电池输出功率的1%以下。蓄电池一般采用铅蓄电池、锂电池、EDLC等。控制装置可对发电进行控制，出现严重故障时可使跟踪系统停止，并使系统的输出功率停止。除此之外，当强风、台风出现时，控制装置可调整太阳能电池的角度使其承受的风压最小，并使系统停止运行。

9.2 分布式光伏发电与智能微电网技术

9.2.1 分布式光伏发电技术

安装分布式发电系统前，要根据用户的需求设计电池板的功率。首先要考虑用户每日的用电量，太阳能光伏发电首先要满足用户的家庭用电，这样的设计才能够有多余的电量上传给国家电网。

家用太阳能光伏发电系统配置的简便计算方法：由于地球表面太阳常数约等于 $1kW/m^2$，这一辐射强度是太阳能光伏发电系统中电池组件测试的标准光强。对于交流系统设计来说，与直流系统方法原则上一样，只是在系统效率取值时，加入了逆变器的效率以及在选择主回路导线线径上有所区别。关于逆变器在系统中的效率不能仅仅与其他效率相乘得到系统总效率，还应对这样计算出的系统总效率进行修正。

太阳能逆变器的主要功能是将直流电逆变成交流电。通过全桥电路，采用处理器经过调制、滤波、升压等，得到与照明负载频率、额定电压等相匹配的正弦交流电供系统终端用户使用。有了逆变器，就可使用电池板的直流电源提供交流电。所以就要根据电池板的发电功率来确定逆变器的规格，目前的分布式的发电系统的逆变器都是 1～10 kW 的规格，电压一般为 12 V、24 V 和 48 V，只有电压和功率符合逆变器，这样的系统才能正常运转，才能延长这个发电系统的寿命。

电池板的功率计算方法为

所发总电量＝光伏板数量×发电时间×实际发电效率

光伏板数量＝所需电量÷发电时间÷逆变器实际效率

所需逆变功率＝所有用电器同时使用的功率之和÷逆变器实际效率

逆变器是最需要慎重选择的部分。我们计算的是家用电器同时使用的额定功率，并考虑电器都错开使用的情况。而当同时使用时，往往电器在开始启动时，所需要的功率是峰值功率，远远大于额定功率。所以逆变功率要加大，比如 1600 W 的总功率建议使用 3000 W 以上的逆变器。峰值功率的问题，在发电部分、储能部分都有影响，需要适当地加大。而逆变实际承载功率也是一项大问题，这往往要选择优质的逆变器，差的逆变器很多都是标称远小于实际承载的功率。

逆变器不只具有直交流变换功用，还具有最大限度地发扬太阳能电池功能的功用和系统毛病维护功用。归结起来有主动运转和停机功用、最大功率跟踪节制功用、防独自运转功用、主动电压调整功用、直流检测功用、直流接地检测功用。

9.2.2　智能微电网技术

智能微电网(smart micro-grid)是指由分布式电源、储能装置、能量转换装置、相关负荷和监控、保护装置汇集而成的小型发电系统，是一个能够实现自我控制、保护和管理的独立系统。微网可被视为小型的电力系统，可以实现局部的功率平衡与能量优化。

9.2.2.1　智能微电网的构成

智能微电网如图 9.1 所示，它是一种具有能量供给源和消费设施组成的小规模能源网，由电源、负载、蓄电装置、供热以及能源管理中心等构成。电源主要由太阳能发电、风力发电、生物质能发电、燃料电池以及蓄电装置等分散型电源构成。负载主要有医院、学校、公寓、办公大楼等。蓄电装置可使用铅蓄电池、锂电池等。智能微电网与电网在某点并网，能源管理中心用来对供需进行最优控制、对整个系统进行管理。

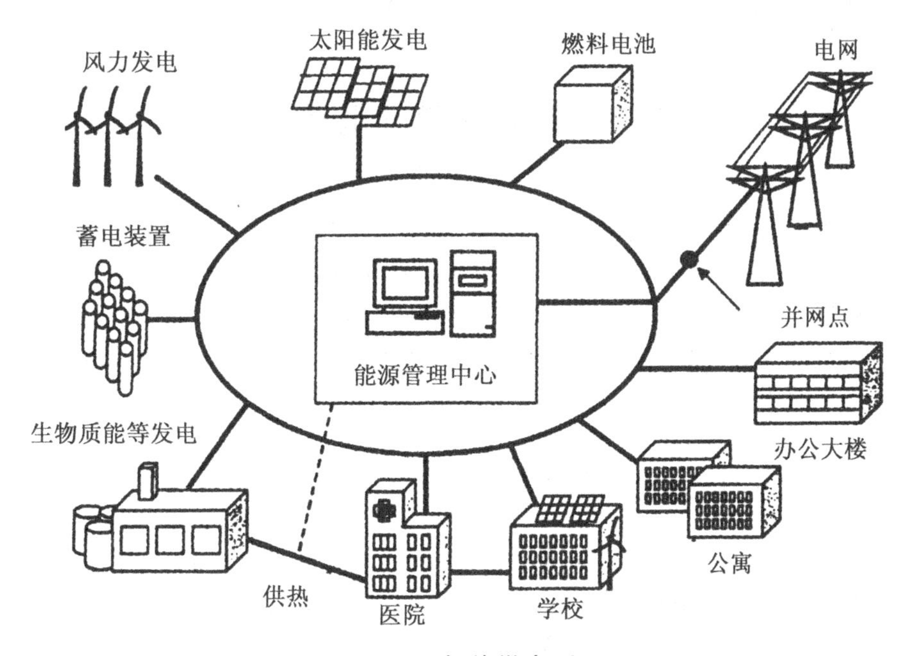

图 9.1　智能微电网

在智能微电网中，大量使用太阳能发电等可再生能源发电、柴油发电、微汽轮机发电以及蓄电池等，使用IT技术对网内的供需进行最优控制，使发电与消费最优并保证电网运行安全可靠。

9.2.2.2 智能微电网的特点

在智能微电网中由于使用太阳能、风能等发电，发电出输出功率容易受环境、气候等的影响，导致发电输出功率出现较大变动，因此需要使供给特性与住宅、办公室、学校等能源需求特性相适应。由于在智能微电网中使用IT技术对整个系统进行最优控制和管理，有利于可再生能源发电的应用与普及。与智能电网、智能城市等智能系统不同，它与现有的电网无关，不依存已有的大规模发电所的电能，是一个独立的小型电网。智能微电网适用于发电与消费较小的地域，一般情况下不与电网连接，但在有传统电网的地方，为了提高供电的可靠性，在需要的情况下也可与电网连接，但主要靠智能微电网本身供电。

9.2.2.3 智能微电网的应用

我国的三沙市西沙永兴岛地处南海，有着丰富的太阳能资源、风力资源以及海洋能资源，加之该岛远离南方电网，充分利用太阳能等新能源，建成海岛特色多能智能微电网将为该岛提供电能、热能等清洁能源。

9.3 聚光光伏发电系统

积层太阳能电池由多种不同种类的太阳能电池组成，虽然转换效率较高，但成本也高，主要用于卫星、空间实验站等宇宙空间领域。由于大面积的积层太阳能电池组件在地面上难以应用，但如果使用成本较低的反光镜（如凸透镜）进行聚光，小面积的电池芯片也可产生足够的电能，因此可将宇宙空间使用的积层太阳应用于地面的太阳能光伏系统中。

9.3.1 聚光比与转换效率

在聚光式（concentrating PV system）太阳能光伏系统中，太阳能电池芯片一般采用InGaP/InGaAs、GaAs以及硅太阳能电池，图9.2所示为不同芯片的聚光比与转换效率的关系，聚光比（concentration ratio）是指聚光的辐射强度与非聚光的辐射强度之比。聚光型太阳能电池芯片的短路电流密度与聚光比成正比，开路电压随聚光比的对数的增加而缓慢增加，而且填充因子也随聚光比的增加而增加，所以与非聚光太阳能电池芯片相比，聚光比的增加可使聚光太阳能电池芯片的转换效率增加。

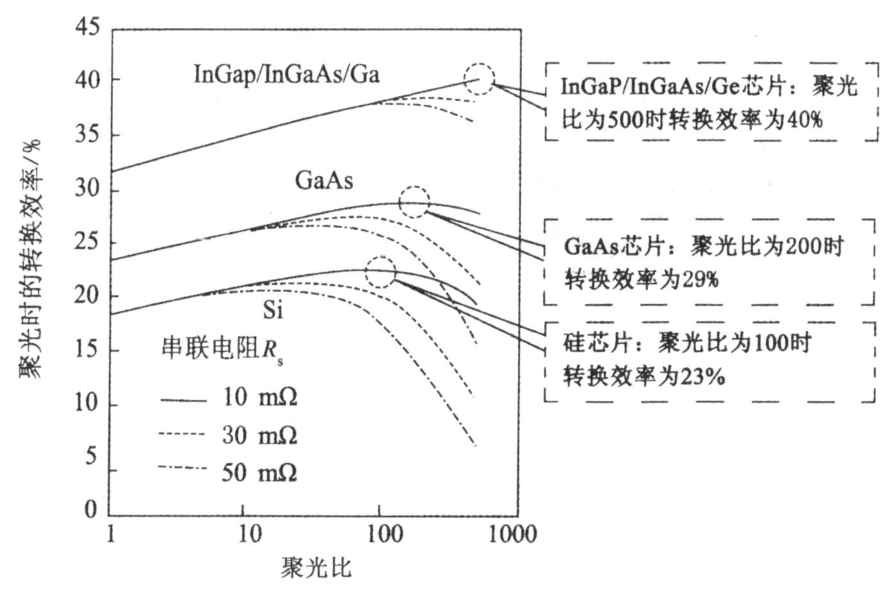

图 9.2　聚光比与转换效率

由图 9.2 可知，非聚光时，硅芯片的转换效率为 18%、GaAs 芯片的转换效率为 24%，InGaP/InGaAs/Ge 三接合芯片的转换效率为 32%；而在聚光时，硅芯片的聚光比为 100 时的转换效率为 23%，GaAs 芯片的聚光比为 200，时的转换效率为 29%，InGaP/InGaAs/Ge 三接合芯片的聚光比为 500 时的转换效率为 40%，可见，使用不同的材料的太阳能电池芯片时，聚光比越高则转换效率越高。另外，芯片的转换效率起初随聚光比增加而上升，在某聚光比时转换效率达到最大值后随后降低；且串联电阻 R_s 越小，转换效率的最大值越大。

9.3.2　聚光式太阳能电池的构成及发电原理

图 9.3 为聚光式太阳能电池的构成，它主要由太阳能电池芯片、凸透镜（fresnel lens）等构成，图中使用一次凸透镜和二次凸透镜的目的是为了提高聚光效率。其发电原理是：使用凸透镜聚集太阳光（目前聚光比可达 550 倍左右），然后将聚光照射在安装于焦点上的小面积太阳能电池芯片上发电，由于照射到太阳能电池芯片上的光能量密度非常高，半导体内部的能

量转换效率也高，所以可大幅提高太阳能电池的转换效率。需要指出的是聚光式太阳能电池主要利用太阳光的直达成分的光能，云的反射等间接成分的光能则无法利用。

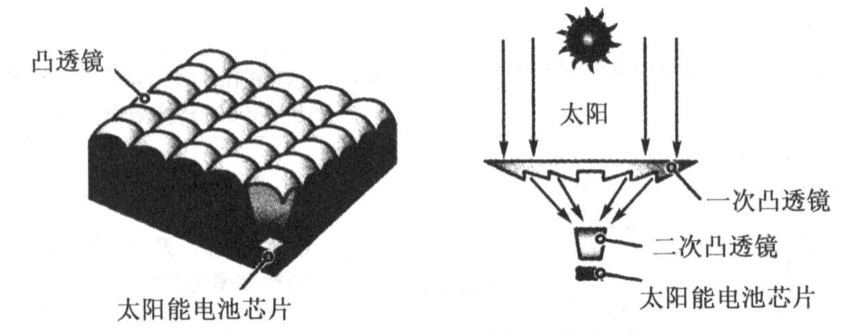

图 9.3 聚光式太阳能电池的构成

聚光式太阳能电池与常见的黑色或蓝色的太阳能电池不同，它的表面由具有透明感的透镜构成，采用凸面反射镜进行聚光，目前塑料制凸透镜为主流。太阳能电池芯片一般使用转换效率高、耐热性能好的化合物太阳能电池，芯片的转换效率已经达到 43.5%以上，将来预计可达 50%左右。

9.3.3 聚光式太阳能光伏系统的特点

聚光式太阳能光伏系统的优点：①可大幅减少太阳能电池的使用量，只有平板式系统太阳能电池使用量的千分之一；②可大大提高太阳能电池的转换效率；③由于使用太阳跟踪系统，使太阳能电池始终正对太阳，因此可使发电量增加；④跟踪需要动力，一般为太阳能电池输出功率的 1%以下；⑤由于跟踪式太阳能电池之间留有间隔，相互不会发生碰撞，系统可以安装在空地、绿地上，且不会影响草地的生长。

聚光式太阳能光伏系统的缺点：①最大的缺点是发电输出功率受气候的影响较大，输出功率变动较大，对电力系统的影响较通常的太阳能光伏系统大；②太阳电池表面温度较高；③不适应于年日照时间低于 1800 h 的地域；④安装时需要进行缜密的实地调查以及发电量预测；⑤与晶硅系、薄膜太阳能电池比较，生产实绩和安装实绩较少；⑥目前聚光式太阳能光伏系统主要安装在地面，与屋顶安装的晶硅系、薄膜太阳能电池用支架比较，支架重量较重。

9.3.4 聚光式太阳能光伏系统的应用

2008 年 10 月，16 MW 的系统已在西班牙投入运行，聚光比约 500 倍，转换效率为20%～28%，约是晶硅系组件的2倍，芯片单位面积的发电量为晶硅系组件的100倍。

有关聚光式太阳能电池发电特性，一般来说，通常的太阳能电池的面积越大、由组件构成的方阵越大，则转换效率会变低，而对聚光式太阳能电池而言，由多个相同芯片构成的组件仍具有较高的转换效率，填充因子在0.8以上。

聚光式太阳能电池的温度系数较低，一般为0.17%/K，是多晶硅电池的1/3，CIGS薄膜电池的1/4，大气温度较高时对其输出功率电压几乎没有影响。由于聚光式太阳能电池采取跟踪方式以及温度系数较低，所以聚光式太阳能光伏系统的发电输出功率在午后到傍晚较大，是相同面积的晶硅太阳能电池输出功率的2倍左右，因此聚光式太阳能光伏系统可在夏季电力需要的峰期为负载提供更多的电能。

9.4 光伏建筑一体化技术

光伏发电与建筑物集成化的概念在1991年被正式提出，并很快成为热门话题，近年来提出的“零能耗建筑”观念，在很大程度上也只有光伏与建筑物相结合才能实现。美国United Solar公司研制出以不锈钢材料为衬底的可以弯曲的非晶硅电池组件，可以作为屋顶材料使用。如2010年的上海世博会的沙特阿拉伯展馆，也采用了光伏一体化建筑。光伏建筑物一体化的具体案例如图9.4所示。

(a)

(b)

(c)

(d)

图 9.4　光伏建筑物一体化案例

光伏建筑一体化设计要保证光伏发电系统以优雅的美学方式集成在建筑物上，成为建筑物整体的一部分，具体评价标准如下：

(1) 自然集成。光伏系统要成为建筑物的自然逻辑部分，两者俨然构成一个不可分割的整体。要让建筑物令人满意，组成结构完善。光伏组件的颜色和质地要与其他材料相一致。

(2) 栅格融合以及组成。光伏系统的组成要与建筑物的尺寸及建筑物上的栅格相匹配，这些决定了组件的尺寸以及建筑物上使用的栅格条的尺寸。

(3) 整体融合。整体融合是指建筑的整个外表应该与光伏系统相融合，并与建筑物整体相一致。

(4) 工程质量良好，设计创新。在建筑物上要有创新的思维，增加建筑物的价值。

将太阳能电池安装在现成的建筑物上并网发电，与一般的光伏系统相比，具有独特的优点。

(1) 可以利用闲置的屋顶、幕墙或阳台等处，不必单独占用土地。

(2) 不必配备蓄电池等储能装置，节省了系统投资，避免了维护和更换蓄电池的麻烦。

(3) 由于不受蓄电池容量的限制，避免了无效能量，可以最大限度地发挥太阳能电池的发电能力。

(4) 分散就地供电，不需要长距离输送电力的输配电设备，也避免了线路损耗。

(5) 使用方便，维护简单，降低了成本。

(6) 夏天用电高峰时正好太阳辐照强度大，光伏系统发电量多，可以对电网起到调峰作用。

BIPV设计中的核心部分就是确定组件数、组件尺寸、集成在屋顶或正面发电系统的整体尺寸。组件上的阴影也是值得考虑的问题，因为当组件中的一部分被阴影遮挡时，系统损失的效率比想象的多，将直流电模式转换成交流电模式，有助于隔离阴影产生的影响。逆变器的性能也非常重要，其需要安装在太阳能电池组件附近。另外，在BIPV设计中还应注意以下几个问题：

(1) 光伏组件的维护与清洁问题。

(2) 光伏组件的安装需要考虑国家及地方规范、光伏组件的安装方向和倾角问题，光伏组件接收到的最大辐射量取决于组件光收集表面的倾角和方向。

(3) 光伏建筑物之间的距离问题。

(4) 形状与颜色。太阳能电池的颜色一般为蓝色或者近乎黑色，其他不同颜色的太阳能电池不是按标准工艺生产的。

随着科技的进步，光伏建筑一体化新产品将不断涌现，光伏系统的大规模应用，将促使其价格进一步下降，光伏建筑一体化将成为光伏应用最著名的领域之一，并且有着广阔的发展前景。

参考文献

[1] 靳瑞敏. 太阳能光伏应用:原理·设计·施工[M]. 北京:化学工业出版社,2017.

[2] 谢军. 太阳能光伏发电技术[M]. 北京:机械工业出版社,2017.

[3] 周志敏,纪爱华. 太阳能光伏系统设计与工程实例[M]. 北京:中国电力出版社,2016.

[4] 赵明智,张晓明,宋士金. 太阳能光伏发电技术及应用[M]. 北京:北京大学出版社,2014.

[5] 车孝轩. 太阳能光伏发电及智能系统[M]. 武汉:武汉大学出版社,2013.

[6] 颜慧. 太阳能光伏发电技术[M]. 北京:中国水利水电出版社,2014.

[7] 罗运俊. 太阳能利用技术[M]. 2 版. 北京:化学工业出版社,2014.

[8] 罗运俊,何梓年,王长贵. 太阳能利用技术[M]. 北京:化学工业出版社,2005.

[9] 王长贵,王斯成. 太阳能光伏发电实用技术[M]. 北京:化学工业出版社,2009.

[10] 李安定,吕金亚. 太阳能光伏发电系统工程[M]. 北京:化学工业出版社,2012.

[11] 杨贵恒,张生泽,张颖超,等. 太阳能光伏发电系统及其应用[M]. 北京:化学工业出版社,2011.

[12] 李钟实. 太阳能光伏发电系统设计施工与应用[M]. 北京:人民邮电出版社,2012.

[13] 李钟实. 太阳能光伏发电系统设计施工与维护[M]. 北京:人民邮电出版社,2010.

[14] 冯飞,张蕾. 新能源技术及应用概论[M]. 北京:化学工业出版社,2011.

[15] 周志敏,纪爱华. 太阳能光伏发电系统设计与应用实例[M]. 2 版. 北京:电子工业出版社,2013.

[16] 杨金焕. 太阳能光伏发电应用技术[M]. 2 版. 北京:电子工业出版社,2013.

[17] 靳晓明.中国新能源发展报告[R].武汉:华中科技大学出版社,2011.

[18] 王晓暄,李春兰,时谦.新能源概述——风能与太阳能[M].西安:西安电子科技大学出版社,2015.

[19] 王君一,徐任学.太阳能利用技术[M].北京:金盾出版社,2012.

[20] 赵书安.太阳能光伏发电及应用技术[M].南京:东南大学出版社,2011.

[21] 王大中.21世纪中国能源科技发展展望[M].北京:清华大学出版社,2007.

[22] (日)太阳光发电协会.太阳能光伏发电系统设计与施工[M].刘树民,宏伟,译.北京:科学出版社,2006.

[23] 何道清,何涛,丁宏林.太阳能光伏发电系统原理与应用技术[M].北京:化学工业出版社,2012.

[24] 崔容强,赵春江,吴达成.并网型太阳能光伏发电系统[M].北京:化学工业出版社,2007.

[25] 沈辉,曾祖勤.太阳能光伏发电技术[M].北京:化学工业出版社,2005.

[26] 赵争鸣,刘建政,孙晓英,等.太阳能光伏发电及其应用[M].北京:科学出版社,2005.

[27] 朱永强.新能源与分布式发电技术[M].北京:北京大学出版社,2010.

[28] 黄汉云.太阳能光伏发电应用原理[M].2版.北京:化学工业出版社,2012.

[29] 张兴,曹仁贤.太阳能光伏并网发电及其逆变控制[M].北京:机械工业出版社,2011.

[30] 李春来,杨小库.太阳能与风能发电并网技术[M].北京:中国水利水电出版社,2011.

[31] 国网能源研究所.2011中国新能源发电分析报告[R].北京:中国电力出版社,2011.

[32] 刘鹏,南靖.光伏发电技术在微电网中的应用[J].节能,2012(10):7-10.

[33] 唐西胜.超级电容器储能应用于分布式发电系统的能量管理及稳定性研究[D].北京:中国科学院电工研究所,2006.

[34] 吴理博.光伏并网逆变系统综合控制策略研究及实现[D].北京:清华大学,2006.

[35] 张超.光伏并网发电系统MPPT及孤岛检测新技术的研究[D].杭州:浙江大学,2006.

［36］欧阳名三.独立光伏系统中蓄电池管理的研究［D］.合肥：合肥工业大学，2004.

［37］王飞.单相光伏并网系统的分析与研究［D］.合肥：合肥工业大学，2005.

［38］刘飞.三相并网光伏发电系统的运行控制策略［D］.武汉：华中科技大学，2008.

［39］许颇.基于Z源型逆变器的光伏并网发电系统的研究［D］.合肥：合肥工业大学，2006.

［40］宋振涛，田磊，等.光伏建筑一体化技术应用与探讨［J］.太阳能光伏，2011(7)：29－30.

［41］熊远生.太阳能光伏发电系统的控制问题研究［D］.杭州：浙江工业大学，2009.

［42］周德佳.单级式三相光伏并网控制系统理论与应用研究［D］.北京：清华大学，2008.